W0068131

Eine Arbeitsgemeinschaft der Verlage

Böhlau Verlag · Wien · Köln · Weimar
Verlag Barbara Budrich · Opladen · Toronto
facultas.wuv · Wien
Wilhelm Fink · München
A. Francke Verlag · Tübingen und Basel
Haupt Verlag · Bern
Verlag Julius Klinkhardt · Bad Heilbrunn
Mohr Siebeck · Tübingen
Nomos Verlagsgesellschaft · Baden-Baden
Ernst Reinhardt Verlag · München · Basel
Ferdinand Schöningh · Paderborn · München · Wien · Zürich
Eugen Ulmer Verlag · Stuttgart
UVK Verlagsgesellschaft · Konstanz, mit UVK / Lucius · München
Vandenhoeck & Ruprecht · Göttingen · Bristol
vdf Hochschulverlag AG an der ETH Zürich

Klaus Eckhardt

Stochastik

Statistik und Wahrscheinlichkeitsrechnung
in der Landwirtschaft

50 Abbildungen
44 Tabellen

Ulmer

Prof. Dr. Klaus Eckhardt lehrt an der Hochschule Weihenstephan-Triesdorf, Fakultät Landwirtschaft.

Die in diesem Buch enthaltenen Empfehlungen und Angaben sind vom Autor mit größter Sorgfalt zusammengestellt und geprüft worden. Eine Garantie für die Richtigkeit der Angaben kann aber nicht gegeben werden. Autor und Verlag übernehmen keinerlei Haftung für Schäden und Unfälle.

Bibliografische Information der Deutschen Nationalbibliothek
Die Deutsche Nationalbibliothek verzeichnet diese Publikation in der Deutschen Nationalbibliografie; detaillierte bibliografische Daten sind im Internet über http://dnb.d-nb.de abrufbar.

© 2013 Eugen Ulmer KG
Wollgrasweg 41, 70599 Stuttgart (Hohenheim)
E-Mail: info@ulmer.de
Internet: www.ulmer.de
Lektorat: Werner Baumeister
Herstellung: Jürgen Sprenzel
Umschlagentwurf: Atelier Reichert, Stuttgart
Satz: Atelier Reichert, Stuttgart
Druck und Bindung: Graphischer Großbetrieb Friedr. Pustet, Regensburg
Printed in Germany

ISBN 978-3-8252-4006-6

Inhalt

Vorwort

Die Stochastik ist ein besonders schönes Fach.

Werden dieser Aussage viele Studierende zustimmen? Die Grundlagen der Stochastik sind inzwischen zwar bereits Teil von Mathematiklehrplänen für Zwölfjährige. Dennoch bereitet die Stochastik – unter diesem Begriff fasst man Wahrscheinlichkeitsrechnung und Statistik zusammen – vielen Studierenden große Schwierigkeiten. Warum also soll dieses Fach schön sein?

Dafür gibt es drei Gründe:

* Niemand, der am Anfang seines Studiums steht, wird mit Gewissheit voraussagen können, womit er in zehn oder in dreißig Jahren seinen Lebensunterhalt verdienen wird. Die auf dem heutigen Arbeitsmarkt so wichtige Flexibilität bewahren Sie sich aber vor allem durch solides Basiswissen. Was Sie heute in der Stochastik lernen, ist auch noch am Ende Ihres Berufslebens gültig. Das vielen interessanter erscheinende Spezialwissen, das in Lehrveranstaltungen höherer Semester vermittelt wird, ist dagegen oft schnell überholt.

* Die im vorliegenden Buch vermittelten Verfahren sind alle äußerst anwendungsorientiert. Wenn Sie Ihre Abschlussarbeit in einem Studiengang aus dem Bereich Natur-/Umwelt-/Ingenieurwissenschaften schreiben, dann werden Sie sehr wahrscheinlich Daten sammeln und auswerten. Aus gutem Grund, denn vor diese Aufgabe werden Sie vermutlich auch in Ihrem späteren Berufsleben gestellt werden. Technischer und wissenschaftlicher Fortschritt basieren zu einem großen Teil auf der Erhebung und Analyse von Daten. Dazu aber dienen statistische Verfahren.

* Im Alltag sind immer wieder Risiken und Unsicherheiten zu bewerten: Wie wahrscheinlich ist es, dass es morgen regnet? Wie aussagekräftig ist eine medizinische Diagnose? Wie groß ist das Risiko bei der Nutzung einer Technik wie der Kernenergie? Wie verlässlich sind die Aussagen zum künftigen Klimawandel? Dies sind Fragen, die eine Berechnung oder Abschätzung von Wahrscheinlichkeiten erfordern und daher mit Methoden der Stochastik zu behandeln sind.

Die Stochastik ist also nicht etwa ein schönes Fach, weil sie so besonders einfach wäre, sondern in einem höheren Sinne, weil es sich lohnt, sich eingehend mit ihr auseinanderzusetzen. Fragt sich noch, warum dies ausgerechnet mit dem vorliegenden Buch geschehen soll, wo es schon so viel Literatur zu diesem Thema gibt.

Es bedarf keiner weiteren Zusammenstellung von Verfahren für die ganze Bandbreite der üblichen Problemstellungen. Das vorliegende Buch beschränkt sich bewusst auf eine Stoffmenge, die im Rahmen einer einsemestrigen Lehrveranstaltung von vier Semesterwochenstunden bewältigt werden kann. Ausnahmen bilden die Abschnitte 2.2.6 (Anwendung der Wahrscheinlichkeitsrechnung in der Genetik) und 4.5 (Chi-Quadrat-Test), die als Ergänzung zu sehen sind. Der Grund für diese bewusste Beschränkung der Stoffmenge liegt darin, dass es für den Einsteiger in die Stochastik hilfreicher ist, neben den Grundbegriffen zunächst nur eine geringe Anzahl ausgewählter Standardverfahren kennen zu lernen, diese aber gründlich. Ziel des vorliegenden Buches ist es, sie ohne streng mathematische Beweise nachvollziehbar und damit plausibel zu machen. Der Leser lernt dadurch grundlegende Gedankengänge und Methoden der Wahrscheinlichkeitsrechnung und Statistik kennen. Ein solches Wissen ist wesentlich nützlicher als das bloße Erlernen von „Kochrezepten", denn unzureichendes Hintergrundwissen birgt die Gefahr, dass die Ergebnisse von Analysen fehlgedeutet werden und keinerlei Flexibilität besteht, wenn neue Problemstellungen auftreten. Mit Kenntnis der grundlegenden Prinzipien hinter den dargestellten Methoden aber kann sich der Leser weitergehendes Wissen unter Zuhilfenahme zusätzlicher Literatur relativ einfach selber aneignen.

Ein weiteres Argument gerade für Studierende agrarwissenschaftlicher Studiengänge wird außerdem sein, dass nahezu alle Anwendungsbeispiele in diesem Buch aus der Landwirtschaft kommen. Es gilt aber nicht nur in der Landwirtschaft, sondern überall, wo Daten erhoben und analysiert, wo Risiken abgeschätzt, die Verlässlichkeit von Diagnoseverfahren beurteilt oder die genetische Vererbung von Merkmalen untersucht wird, dass solide Kenntnisse in Stochastik unabdingbar sind. Das vorliegende Buch ist daher nicht nur für Studierende agrarwissenschaftlicher Studiengänge geeignet.

Alle Verfahren werden anhand von Beispielen eingeführt. Es wird dringend empfohlen, die im Text erläuterten Berechnungen und Aufgaben zur Übung selber nachzuvollziehen und die zusätzlichen Übungsaufgaben im Anhang zu bearbeiten. Die Stochastik ist anspruchsvoll und es ist notwendig, sich mit ihr intensiv gedanklich auseinanderzusetzen! Zur Bearbeitung der Aufgaben genügt ein Tabellenkalkulationsprogramm wie Microsoft Excel. Hinweise zu seiner Verwendung finden sich im Text.

Mein Dank gilt meinen Kollegen Prof. Dr. W. Ahrens, Prof. Dr. L. Durst, Prof. Dr. U. Groß und Prof. Dr. R. Waßmuth, die mit ihren Anregungen aus den Fachgebieten Pflanzenbau, Tierernährung, Landtechnik und Tierzucht zum Gelingen dieses Buches beigetragen haben.

Triesdorf, im Frühjahr 2013 Klaus Eckhardt

1   Einleitung

Ottfried Preußler erzählt in seinem Buch „Bei uns in Schilda" (Preußler, 1958) die folgende Geschichte: Der Stadtschreiber Schildas Jeremias
Punktum und seine Frau Margaret sind auf dem Rückweg von einem
Besuch bei Verwandten, die ihnen einen Korb mit sechzig Eiern geschenkt
haben. Jeremias denkt voller Hunger laut über einen Berg von Eierkuchen
nach, den seine Frau ihm daraus zu Hause backen wird, doch diese macht
ihm energisch klar, dass sie ganz andere Pläne mit den Eiern habe: Die
Eier werden verkauft. Von dem Geld wird eine Henne erworben. Diese
legt weitere Eier, die ebenfalls zu Geld gemacht werden. Der Erlös erlaubt
es, die Hühnerschar zu vergrößern und so immer mehr Geld einzuneh-
men. Bald werden Gänse und Enten angeschafft, der Handel auf Weih-
nachtsgänsen und Bettfedern ausgedehnt. Dies bringt so viel Geld, dass
Schafe erworben werden können, mit deren Wolle sich Handel treiben
lässt. Dazu kommen mit wachsendem Wohlstand Ziegen, Schweine und
Rinder. Knechte und Mägde werden eingestellt. Kurz: Bald werden sie
reiche Leute sein. Jeremias ist begeistert, doch es überfällt ihn eine böse
Ahnung. Was, wenn die Eier verdorben sind? Margaret ist empört über
diesen Verdacht, schlägt ein Ei auf und hält es ihrem Mann unter die
Nase. Das Ei ist frisch, doch Jeremias wendet ein, dies beweise ja nicht,
dass auch die übrigen neunundfünfzig Eier gut seien. Kurz entschlossen
wird der Korb ins Gras gelehrt und die beiden machen sich daran, ein Ei
nach dem anderen aufzuschlagen und zu prüfen. Alle sind frisch, werden sorgfältig in den Korb zurückgelegt und wieder zugedeckt. Doch so
beruhigend dieser Befund auch ist: Als die beiden zu Hause im Strohpols-
ter ihres Korbs nur noch einen zähflüssigen Brei aus Eierschalen, Eiweiß
und Dotter vorfinden, wird ihnen klar, dass sie ihre schönen Geschäfts-
pläne begraben müssen.

Dies ist ein knapp und sachlich gehaltenes Lehrbuch. Insofern ist es
nicht repräsentativ für dieses Buch, wenn es mit einer Schildbürgerge-
schichte beginnt. Doch die Geschichte ist in zweierlei Hinsicht treffend:
Erstens geht es um Lebensmittel aus landwirtschaftlicher Produktion.
Zweitens sind Jeremias und seine Frau mit einem typischen Problem

der Statistik konfrontiert. Sie haben eine Menge von Objekten vor sich, die sechzig Eier, und würden gerne etwas über ein **Merkmal** dieser so genannten **Grundgesamtheit** erfahren, nämlich ob die Eier frisch sind oder nicht.

Untersuchungsgegenstand der Statistik sind allgemein gesprochen die Merkmale von Grundgesamtheiten. Weitere Beispiele für solche Merkmale aus der Landwirtschaft sind das Geburtsgewicht von Kälbern einer speziellen Rinderrasse, der Ertrag einer Getreidesorte auf unterschiedlichen Anbauflächen oder der Kornabstand bei Verwendung einer bestimmten Sämaschine. Grundgesamtheit sind in diesen Fällen sämtliche neugeborenen Kälber der betreffenden Rinderrasse, sämtliche Anbauflächen für die Getreidesorte und alle durch die Sämaschine jemals nebeneinander abgelegten Saatkörner.

Untersuchungsgegenstand der Statistik: Merkmale von Grundgesamtheiten

In der Regel variieren die Merkmalswerte zufällig von Objekt zu Objekt. Der Ernteertrag beispielsweise wird in vielfältiger und kaum kontrollierbarer Weise durch die lokalen Bodenverhältnisse, das Wetter, Düngung, Schädlingsbefall und andere Faktoren beeinflusst. In der Regel tragen außerdem zufällige Messfehler zur Variabilität der erfassten Merkmalswerte bei. Man spricht davon, dass die Merkmalswerte die Werte einer **Zufallsvariablen** darstellen, also einer zufällig variierenden Größe. Es reicht folglich nicht aus, eine einzige Messung des Merkmals vorzunehmen, um die Grundgesamtheit hinsichtlich dieses Merkmals charakterisieren zu können. Die Grundgesamtheit kann nur dann vollständig hinsichtlich des Merkmals beschrieben werden, wenn Messungen an sämtlichen Elementen der Grundgesamtheit durchgeführt werden.

Definition Zufallsvariable

So ist es auch im Fall der Eier. Ist ein Ei frisch, so kann das nächste dennoch verdorben sein. Vollständige Gewissheit, dass sich kein verdorbenes Ei in dem Korb befindet, lässt sich nur gewinnen, indem alle Eier geprüft werden.

Messungen an sämtlichen Elementen einer Grundgesamtheit durchzuführen ist in der Regel jedoch nicht möglich oder nicht sinnvoll, zum Beispiel weil die Anzahl der Objekte zu groß ist und daher der Zeit- und/oder Kostenaufwand zu hoch wäre oder weil die Objekte bei der Untersuchung beschädigt oder zerstört werden (wie im Fall der Eier). Man muss sich dann (sollte sich dann) damit begnügen, aus der Grundgesamtheit eine Teilmenge von Objekten, eine **Stichprobe**, zu entnehmen und nur diese zu analysieren. In diesem Fall ist die Information über die Ausprägung des Merkmals in der Grundgesamtheit unvollständig. Das Ergebnis der Analyse weist daher eine gewisse Unsicherheit auf. Es gibt nicht den einen gesicherten Wert des Merkmals; man kann lediglich Aussagen über Intervalle machen, in welche die Merkmalswerte mit einer bestimmten Wahrscheinlichkeit fallen.

In der Regel können nur Stichproben analysiert werden.

Statistik und Wahrscheinlichkeitsrechnung stehen daher in enger Verbindung. Die Wahrscheinlichkeitsrechnung dient außerdem beispielsweise dazu, Fragen der Genetik zu beantworten oder die Verlässlich-

Vorschau auf die Inhalte der Abschnitte 2 bis 5 und des Anhangs

keit von Diagnose- und Prüfverfahren zu beschreiben. Dazu werden im Abschnitt 2, nachdem zunächst die Grundlagen der Wahrscheinlichkeitsrechnung behandelt worden sind, Beispiele vorgestellt.

Thema der Abschnitte 3 und 4 sind diskrete und stetige Zufallsvariablen, für die eine Reihe grundlegender statistischer Test ausführlich erläutert wird. Schließlich wird im Abschnitt 5 dargestellt, wie sich Zusammenhänge zwischen zwei Variablen charakterisieren und mathematisch formulieren lassen. Der Anhang enthält Übungsaufgaben mit Lösung, Quantil-Tabellen und Erläuterungen zum Gebrauch des Tabellenkalkulationsprogramms Excel.

2 Wahrscheinlichkeitsrechnung

Der Begriff der Wahrscheinlichkeit ist zentral für die gesamte Stochastik. Daher ist es unerlässlich, am Beginn dieses Buches zunächst zu erläutern, was unter diesem Begriff zu verstehen ist und wie sich eine Wahrscheinlichkeit berechnet. Der Einstieg erfolgt über Mengenlehre und Würfelexperimente. Ab dem Abschnitt 2.2.2 folgen dann aber bereits praxisnähere Beispiele aus den Bereichen der Lebensmittelkontrolle und Tierzucht.

2.1 Ereignisse

Der Wert einer Zufallsvariablen ist das Ergebnis eines **Zufallsexperiments**. Ein Zufallsexperiment ist ein beliebig oft wiederholbares Experiment, für das mehrere Ergebnisse möglich sind, die sich nicht vorhersagen lassen. Die möglichen, sich gegenseitig ausschließenden Ergebnisse eines Zufallsexperiments werden als die **Elementarereignisse** des Experiments bezeichnet.

Definition
Zufallsexperiment

Definition
Elementarereignis

Ein einfaches Beispiel für ein Zufallsexperiment ist der Wurf eines Würfels. Dieses Zufallsexperiment hat m = 6 Elementarereignisse ω_i (i = 1, ..., m): $\omega_1 = 1$, $\omega_2 = 2$, $\omega_3 = 3$, $\omega_4 = 4$, $\omega_5 = 5$ und $\omega_6 = 6$.

Beispiele

Wird der Würfel zweimal geworfen, so können sich m = 36 unterschiedliche Augenzahlpaare beziehungsweise Elementarereignisse ergeben:

(1; 1), (1; 2), (1; 3), (1; 4), (1; 5), (1; 6), (2; 1), (2; 2), (2; 3), (2; 4), (2; 5), (2; 6), (3; 1), (3; 2), (3; 3), (3; 4), (3; 5), (3; 6), (4; 1), (4; 2), (4; 3), (4; 4), (4; 5), (4; 6), (5; 1), (5; 2), (5; 3), (5; 4), (5; 5), (5; 6), (6; 1), (6; 2), (6; 3), (6; 4), (6; 5), (6; 6).

Dies gilt ebenso für den Fall, dass zwei Würfel einmal geworfen werden, wie bei den Spielen „Siedler von Catan" oder „Backgammon".

Die Elementarereignisse eines Zufallsexperiments lassen sich zur so genannten **Ergebnismenge** Ω des Zufallsexperiments zusammenfassen:

Definition
Ergebnismenge

$$\Omega = \{\omega_1, ..., \omega_m\}$$

Beispiele

Im Beispiel des Wurfs eines Würfels ist die Ergebnismenge Ω = {1, 2, 3, 4, 5, 6}. Beim Wurf zweier Würfel ist Ω = { (1; 1), (1; 2), (1; 3), (1; 4), (1; 5), (1; 6), (2; 1), (2; 2), (2; 3), (2; 4), (2; 5), (2; 6), (3; 1), (3; 2), (3; 3), (3; 4), (3; 5), (3; 6), (4; 1), (4; 2), (4; 3), (4; 4), (4; 5), (4; 6), (5; 1), (5; 2), (5; 3), (5; 4), (5; 5), (5; 6), (6; 1), (6; 2), (6; 3), (6; 4), (6; 5), (6; 6) }.

Definition Ereignis

Ein **Ereignis** stellt eine Teilmenge der Ergebnismenge Ω dar. Beim Wurf eines Würfels beispielsweise kann man genau dann von dem Ereignis, eine ungerade Augenzahl gewürfelt zu haben, sprechen, wenn eines der Elementarereignisse ω_1 = 1, ω_3 = 3 oder ω_5 = 5 eingetreten ist. Diesem Ereignis wird daher die Menge A = {1; 3; 5} zugeordnet, die eine Teilmenge der Ergebnismenge Ω dieses Zufallsexperiments ist.

Definition sicheres Ereignis

Ein **sicheres Ereignis** ist ein Ereignis, das bei jeder Durchführung der Zufallsexperiments eintritt. In diesem Fall ist A = Ω. Beispiel: Beim Wurf eines Würfels tritt immer eine Augenzahl zwischen 1 und 6 auf. Das Ereignis A „Wurf einer Augenzahl zwischen 1 und 6" wird also durch jedes der Elementarereignisse ω_1 = 1 bis ω_6 = 6 erfüllt und es ist A = {1; 2; 3; 4; 5; 6} = Ω.

Definition unmögliches Ereignis

Ein **unmögliches Ereignis** tritt dagegen nie ein. Da es kein Elementarereignis gibt, das zu diesem Ereignis passt, wird dem Ereignis die leere Menge zugeordnet: A = { }. Ein Beispiel ist das Ereignis „Augenzahl 7" beim Wurf eines Würfels.

Mengendiagramme

Zentral in der Wahrscheinlichkeitsrechnung sind also Mengen und das Rechnen mit Mengen. Zum leichteren Verständnis werden Mengen nachfolgend grafisch in Form so genannter Mengendiagramme beziehungsweise **Venn-Diagramme** dargestellt. Die Ergebnismenge Ω wird dabei als Rechteck gezeichnet, ein Ereignis A als ein in Ω eingebetteter Kreis:

$A \subset \Omega$: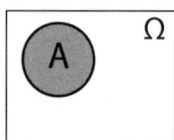

Diese Darstellungsweise lässt sich beispielsweise nutzen, um den Begriff des **zusammengesetzten Ereignisses** zu erläutern. Ein solches Ereignis erhält man durch die Verknüpfung zweier Ereignisse A und B. Das Ereignis A $\cup$ B (gesprochen „A vereinigt mit B") ergibt sich, wenn mindestens eines der beiden Ereignisse A und B eintritt, entweder A oder B oder beide Ereignisse zugleich:

A vereinigt mit B

$A \cup B$ =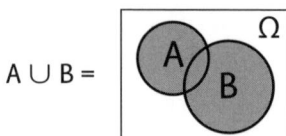

Das Ereignis A ∩ B (gesprochen „A geschnitten mit B") ergibt sich, wenn beide Ereignisse zusammen auftreten. A ∩ B enthält daher nur solche Elemente, die sowohl zu A als auch zu B gehören:

A geschnitten mit B

$$A \cap B = \quad$$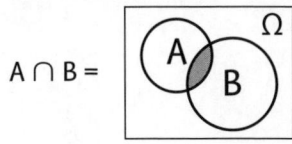

Das Ereignis A \ B (gesprochen „A ohne B") ergibt sich, wenn das Ereignis A, nicht aber das Ereignis B eintritt. Die Menge A \ B enthält daher diejenigen Elemente von A, die nicht zugleich auch zu B gehören:

A ohne B

$$A \setminus B = \quad$$

Das zu A komplementäre Ereignis Ā schließlich ergibt sich, wenn das Ereignis A *nicht* eintritt:

komplementäres Ereignis

$$\overline{A} = \quad$$

Beim Wurf eines Würfels beispielsweise ist die Ergebnismenge wie bereits dargelegt $\Omega = \{1; 2; 3; 4; 5; 6\}$. Mit A sei das Ereignis bezeichnet, dass eine Zahl größer 3 geworfen wird (A = $\{4; 5; 6\}$). B bezeichne das Ereignis, dass eine ungerade Augenzahl geworfen wird (B = $\{1; 3; 5\}$). Dann ist:

Beispiel

- $A \setminus B = \{4; 6\}$
- $\overline{A} = \{1; 2; 3\}$
- $\overline{B} = \{2; 4; 6\}$
- $A \cup B = \{1; 3; 4; 5; 6\}$
- $A \cap B = \{5\}$

In grafischer Darstellung:

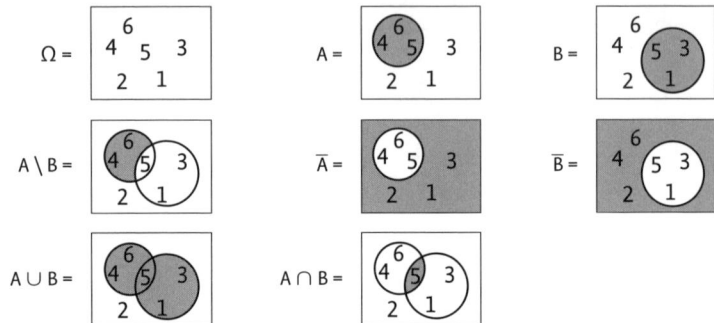

2.2   Laplace-Experimente

Definition Laplace-Experiment

Der Wurf eines homogenen (das heißt nicht manipulierten) Würfels stellt ein besonders einfaches Zufallsexperiment dar: Die Anzahl der Elementarereignisse ist endlich (m = 6), und da der Würfel homogen ist, ist jedes der Elementarereignisse gleich wahrscheinlich. Ein solches Zufallsexperiment mit einer endlichen Anzahl von Elementarereignissen, die alle gleich wahrscheinlich sind, nennt man auch **Laplace-Experiment**.

2.2.1 Wahrscheinlichkeit

Definition der Wahrscheinlichkeit im Laplace-Experiment

Ein Ereignis A ist eine Menge, die sich aus einer gewissen Anzahl von Elementarereignissen des betreffenden Zufallsexperiments zusammensetzt (Abschnitt 2.1). Sind alle Elementarereignisse gleich wahrscheinlich, so ist die **Wahrscheinlichkeit** P(A), dass das Ereignis A bei einer Durchführung des Zufallsexperiments eintritt, proportional zur Anzahl der Elementarereignisse, die zu A gehören: Je mehr Elementarereignisse das Ereignis A bilden, desto häufiger wird bei einer Durchführung des Zufallsexperiments eines dieser Elementarereignisse und damit A zu beobachten sein. Im Fall eines Laplace-Experiments wird die Wahrscheinlichkeit P(A) daher definiert als das Verhältnis der Anzahl der Elemente von A zur Anzahl der Elemente von Ω:

$$P(A) = \frac{\text{Anzahl der Elemente der Menge A}}{\text{Anzahl der Elemente der Menge } \Omega} \qquad (1)$$

Dies lässt sich in der folgenden Weise grafisch darstellen:

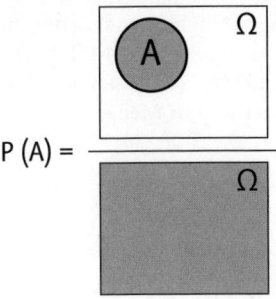

$$P(A) = \frac{}{\Omega}$$

Im Fall des sicheren Ereignisses ist A = Ω. Daraus folgt P(A) = 1. Die Wahrscheinlichkeit für das unmögliche Ereignis ist dagegen Null, denn in diesem Fall enthält die Menge A kein Element. In allen anderen Fällen liegt der Wert von P(A) zwischen 0 und 1. Es gilt somit

Wertebereich der Wahrscheinlichkeit

$$0 \le P(A) \le 1 \tag{2}$$

Beim Wurf eines homogenen Würfels beispielsweise hat die Ergebnismenge Ω sechs Elemente (Ω = {1; 2; 3; 4; 5; 6}). Das Ereignis A, dass eine ungerade Augenzahl geworfen wird, hat drei Elemente (A = {1; 3; 5}). Die Wahrscheinlichkeit für dieses Ereignis beträgt daher P(A) = 3/6.

Beispiel

Von Mengendiagrammen wie dem obigen wird im Folgenden ausgiebig Gebrauch gemacht, um wichtige Regeln für das Rechnen mit Wahrscheinlichkeiten zu begründen: den Multiplikationssatz, den Satz von Bayes und den Additionssatz (Abschnitte 2.2.2 bis 2.2.5). An dieser Stelle sei betont, dass diese Regeln nicht nur für Laplace-Experimente gelten, auch wenn sie alle unter der Überschrift „Laplace-Experimente" des Abschnitts 2.2 behandelt werden. Dies geschieht allein deshalb, weil sich Wahrscheinlichkeiten nur dann durch Mengendiagramme sinnvoll darstellen lassen, wenn die Wahrscheinlichkeit P(A) eines Ereignisses A proportional zur Größe der Menge A ist. Dies ist bei einem Nicht-Laplace-Experiment im Allgemeinen nicht der Fall. Nehmen wir zum Beispiel den Wurf eines inhomogenen Würfels. Dieser sei so manipuliert worden, dass er die Augenzahl 6 mit der Wahrscheinlichkeit 5/10 (beziehungsweise 50% beziehungsweise 1/2) zeigt, während die übrigen Augenzahlen nur jeweils eine Wahrscheinlichkeit von 1/10 aufweisen. Dann hat das Ereignis A „Die Augenzahl 6 wird geworfen" nur ein einziges Element. Das Verhältnis der Anzahl der Elemente der Menge A zur Anzahl der Elemente der Menge Ω beträgt also lediglich 1/6. Die Wahrscheinlichkeit für das Ereignis ist aufgrund der Manipulation aber P(A) = 1/2.

Nur für Laplace-Experimente können daher die weiteren Überlegungen durch Mengendiagramme grafisch plausibel gemacht werden. Ein
großer Vorteil der Mengendiagramme ist nämlich, dass sich mit ihnen
rechnen lässt. Beispiel: Die beiden Wahrscheinlichkeiten $P(B \setminus A)$ und
$P(A \cap B)$ sollen addiert werden. $P(B \setminus A)$ und $P(A \cap B)$ lassen sich als Brüche darstellen, in deren Zähler und Nenner jeweils Mengendiagramme
stehen:

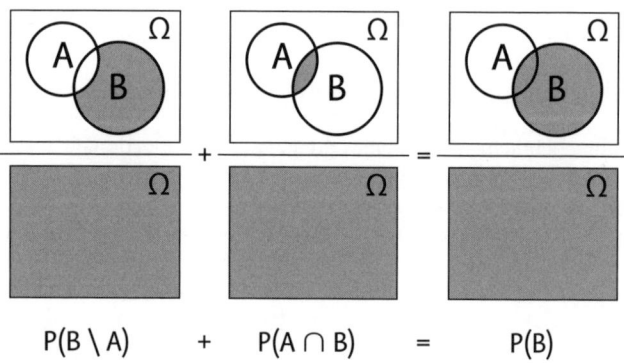

Die Berechnung erfolgt nach dem Schema $a/c + b/c = (a + b)/c$. Die beiden Brüche haben denselben Nenner, nämlich die Ergebnismenge Ω. Der
resultierende Bruch hat daher ebenfalls diesen Nenner. Sein Zähler ergibt
sich, indem man die Zähler der beiden zu addierenden Brüche addiert,
im vorliegenden Fall die Mengendiagramme für $B \setminus A$ und $A \cap B$. Um
zwei Mengendiagramme zu addieren, denkt man sich die in den beiden
Diagrammen grau hinterlegten Teilflächen überlagert. Das Ergebnis ist
im vorliegenden Beispiel das Mengendiagramm von B. Insgesamt ist also

$$P(B \setminus A) \quad + \quad P(A \cap B) \quad = \quad P(B)$$

Der Einfachheit halber kann der in allen drei Brüchen gleiche Nenner auch weggelassen werden. Für die Gleichung P(B \ A) + P(A ∩ B) = P(B) steht dann

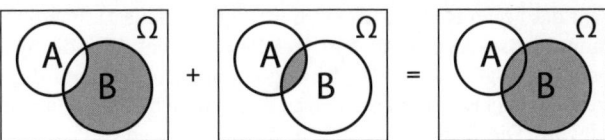

Vorsicht ist geboten, wenn nach der Addition Teilflächen zweifach grau überlagert sind. Ein Beispiel folgt im Abschnitt 2.2.5.

Eine Übungsaufgabe zur grafischen Darstellung rechnerischer Beziehungen zwischen Wahrscheinlichkeiten mithilfe von Mengendiagrammen findet sich im Anhang (Aufgabe A.1).

Übungsaufgabe

2.2.2 Bedingte Wahrscheinlichkeit

Es werden zwei Ereignisse A und B betrachtet. Das zusammengesetzte Ereignis A ∩ B wird dann beobachtet, wenn sowohl das Ereignis A als auch das Ereignis B eintritt. Die zugehörige Wahrscheinlichkeit P(A ∩ B) wird gemäß Gleichung 1 berechnet, indem man die Größe der Schnittmenge A ∩ B zur Größe der Menge Ω ins Verhältnis setzt:

$$P(A \cap B) = \frac{}{}$$

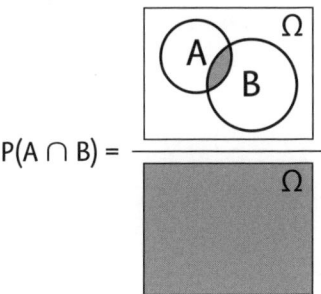

Im Folgenden wird nun davon ausgegangen, dass die beiden Ereignisse A und B nicht völlig unabhängig voneinander sind. Stattdessen wird angenommen, dass das Ereignis B in irgendeiner Weise vom Ereignis A abhängt. Das heißt, ob A eingetreten ist oder nicht wirkt sich auf die Wahrscheinlichkeit für das Ereignis B aus. Man spricht daher von einer **bedingten Wahrscheinlichkeit** für das Eintreten des Ereignisses B und schreibt für diese P(B | A) („Wahrscheinlichkeit für das Eintreten von B unter der Voraussetzung, dass A eingetreten ist" oder kürzer: „Wahrscheinlichkeit von B unter Voraussetzung von A").

Definition bedingte Wahrscheinlichkeit

Beispiel

Beispielsweise werde ein homogener Würfel geworfen. A sei das Ereignis, dass eine Zahl größer 3 geworfen wird (A = {4; 5; 6}), B das Ereignis, dass eine ungerade Augenzahl geworfen wird (B = {1; 3; 5}). Ohne Kenntnis davon, ob das Ereignis A eingetreten ist, berechnet sich die Wahrscheinlichkeit für das Ereignis B als P(B) = 3/6 = 1/2 (Gleichung 1). Wenn dagegen bekannt ist, dass A eingetreten ist, steht fest, dass entweder die Augenzahl 4 oder die Augenzahl 5 oder die Augenzahl 6 gewürfelt wurde. Nur in einem dieser drei Fälle ereignet sich auch B, nämlich dann, wenn eine 5 gewürfelt wird. Die Wahrscheinlichkeit für das Eintreten von B unter der Voraussetzung, dass A eingetreten ist, ist damit P(B | A) = 1/3.

Berechnung der bedingten Wahrscheinlichkeit

Auch hier geht es darum, die Wahrscheinlichkeit dafür zu berechnen, dass sowohl Ereignis A als auch Ereignis B eintritt. Daher erfolgt die Berechnung der bedingten Wahrscheinlichkeit P(B | A) ähnlich wie die Berechnung der Wahrscheinlichkeit P(A ∩ B). Da im Fall der bedingten Wahrscheinlichkeit jedoch als bekannt vorausgesetzt wird, dass bereits das Ereignis A eingetreten ist, wird die Größe der Schnittmenge A ∩ B hier nicht ins Verhältnis zur Größe der Ergebnismenge Ω, sondern zur Größe von A gesetzt:

$$P(B \mid A) = \frac{P(A \cap B)}{P(A)} \tag{3}$$

Beispiel

Im Beispiel des Wurfs eines homogenen Würfels (Ereignis A: Wurf einer Zahl größer 3, Ereignis B: Wurf einer ungeraden Augenzahl) ergibt sich

$$A \cap B = \{\, 5 \,\}, \ P(A \cap B) = 1/6$$
$$A = \{\, 4; 5; 6 \,\}, \ P(A) = 1/2$$
$$P(B \mid A) \quad = \frac{1/6}{1/2}$$
$$= 1/3$$

Übungsaufgabe

Ein Übungsaufgabe zur grafischen Darstellung bedingter Wahrscheinlichkeiten findet sich im Anhang (Aufgabe A.2).

Im Folgenden wird das Beispiel eines Analyseverfahrens behandelt, das dazu dient, Fleischproben auf Salmonellenbefall zu untersuchen. B bezeichne das Ereignis, dass das verwendete Nachweisverfahren eine Kontamination anzeigt. Mit A sei das Ereignis bezeichnet, dass tatsächlich eine Kontamination vorliegt.

Beispiel

Um die Güte des Verfahrens zu charakterisieren, werden seine **Sensitivität** und seine **Spezifität** ausgewiesen. Die Sensitivität $P(B \mid A)$ gibt die Wahrscheinlichkeit dafür an, dass eine Kontamination richtig erkannt wird. Sie betrage im vorliegenden Fall 98%. Die Spezifität $P(\overline{B} \mid \overline{A})$ gibt die Wahrscheinlichkeit dafür an, dass eine unbelastete Probe als solche erkannt wird. Sie betrage im vorliegenden Fall 96%.

Definition Sensitivität und Spezifität

Wie groß ist die Wahrscheinlichkeit $P(B \mid \overline{A})$, dass eine Kontamination angezeigt wird, obwohl die Probe unbedenklich ist?

$$P(B \mid \overline{A}) = \frac{P(\overline{A} \cap B)}{P(\overline{A})} =$$

$$P(B \mid \overline{A}) + P(\overline{B} \mid \overline{A}) = \quad + \quad = \quad = 1$$

$$\Rightarrow P(B \mid \overline{A}) = 1 - P(\overline{B} \mid \overline{A}) \qquad (4)$$
$$= 100\% - 96\%$$
$$= 4\%$$

Eine Ergänzung hierzu ist Aufgabe A.3 im Anhang.

Übungsaufgabe

2.2.3 Multiplikationssatz

Durch Umstellung der Gleichung 3 ergibt sich die mathematische Formulierung des **Multiplikationssatzes** der Wahrscheinlichkeitsrechnung:

$$P(A \cap B) = P(A) \cdot P(B \mid A) \tag{5}$$

Definition stochastisch unabhängige Ereignisse

Falls das Ereignis B nicht von A abhängt – man spricht in diesem Fall von **stochastisch unabhängigen Ereignissen** – ist $P(B \mid A) = P(B)$ und der Multiplikationssatz vereinfacht sich zu

$$P(A \cap B) = P(A) \cdot P(B) \tag{6}$$

Beispiel

Als Beispiel werden zwei Würfe mit einem homogenen Würfel betrachtet. Wie groß ist die Wahrscheinlichkeit, dabei genau zweimal die Augenzahl 6 zu erzielen? A bezeichne das Ereignis, die Augenzahl 6 beim 1. Wurf zu erzielen ($P(A) = 1/6$), B das Ereignis, die Augenzahl 6 beim 2. Wurf zu erzielen ($P(B) = 1/6$). Gefragt ist nach der Wahrscheinlichkeit des zusammengesetzten Ereignisse $A \cap B$. A und B sind stochastisch unabhängige Ereignisse, denn die Wahrscheinlichkeit, beim zweiten Wurf die Augenzahl 6 zu erzielen, hängt nicht davon ab, ob im ersten Wurf bereits eine 6 gewürfelt wurde. Daraus folgt nach Gleichung 6

$$\begin{aligned} P(A \cap B) &= P(A) \cdot P(B) \\ &= 1/6 \cdot 1/6 \\ &= 1/36 \end{aligned}$$

Beispiel

Ein wichtiges Anwendungsgebiet der Wahrscheinlichkeitsrechnung ist die Genetik, so, wenn in der Tierzucht die genetische Vererbung von Merkmalen untersucht wird. Die Erbinformation befindet sich auf den **Chromosomen**. Landwirtschaftliche Nutztiere besitzen, wie der Mensch, zwei Chromosomensätze. Ein **Chromosomensatz** kommt vom Vater, der andere von der Mutter. Viele Merkmale werden nur dann ausgeprägt, wenn die entsprechende Anlage zweimal, in beiden Chromosomensätzen, vorkommt. Diese Anlage – in der Genetik als **Allel** bezeichnet – erhält im Folgenden das Symbol a. Ist das Allel a zweimal im Erbgut vorhanden, so spricht man davon, dass das Tier den **Genotyp** aa besitzt. Stattdessen kann sich auf einem der Chromosomen oder auf beiden aber auch die komplementäre Erbinformation A befinden (Genotypen Aa und AA).

autosomal-rezessiver Erbgang

Tritt das Merkmal nur bei Tieren des Genotyps aa auf, nicht aber bei solchen des Genotyps Aa oder AA, so spricht man von einem **autosomal-rezessiven Erbgang**.

Wie groß ist die Wahrscheinlichkeit, dass in einem autosomal-rezessiven Erbgang Nachwuchs des Genotyps aa entsteht?

Zunächst werden die folgenden Ereignisse definiert:

- a: Vererbung des Allels a
- AA, Aa, aa: Elternteil des Genotyps AA, Aa, aa
- a_{AA}: Vererbung des Allels a durch einen Elternteil des Genotyps AA
- a_{Aa}: Vererbung des Allels a durch einen Elternteil des Genotyps Aa
- a_{aa}: Vererbung des Allels a durch einen Elternteil des Genotyps aa

Es ist

- $P(a_{AA}) = P(a \mid AA) = 0$
- $P(a_{Aa}) = P(a \mid Aa) = 1/2$
- $P(a_{aa}) = P(a \mid aa) = 1$.

Damit ergibt sich je nach Genotyp der Eltern die in Tabelle 1 aufgeführte Wahrscheinlichkeit für Nachwuchs des Genotyps aa.

Tab. 1: Wahrscheinlichkeit für Nachwuchs des Genotyps aa in Abhängigkeit vom Genotyp der Eltern.

Genotyp der Eltern	Wahrscheinlichkeit für Nachwuchs des Genotyps aa			
AA und AA	$P(a_{AA} \cap a_{AA})$	$= P(a_{AA})\, P(a_{AA})$	$= 0 \cdot 0$	$= 0$
AA und Aa	$P(a_{AA} \cap a_{Aa})$	$= P(a_{AA})\, P(a_{Aa})$	$= 0 \cdot 1/2$	$= 0$
AA und aa	$P(a_{AA} \cap a_{aa})$	$= P(a_{AA})\, P(a_{aa})$	$= 0 \cdot 1$	$= 0$
Aa und Aa	$P(a_{Aa} \cap a_{Aa})$	$= P(a_{Aa})\, P(a_{Aa})$	$= 1/2 \cdot 1/2$	$= 1/4$
Aa und aa	$P(a_{Aa} \cap a_{aa})$	$= P(a_{Aa})\, P(a_{aa})$	$= 1/2 \cdot 1$	$= 1/2$
aa und aa	$P(a_{aa} \cap a_{aa})$	$= P(a_{aa})\, P(a_{aa})$	$= 1 \cdot 1$	$= 1$

Mit dem Multiplikationssatz lassen sich auch die Aufgaben A.4 sowie A.5 a) und b) im Anhang lösen.

Übungsaufgaben

2.2.4 Satz von Bayes

Im Abschnitt 2.2.2 wurde das Beispiel des Salmonellen-Nachweisverfahrens eingeführt. $P(B \mid A)$ gibt in diesem Zusammenhang an, wie wahrscheinlich es ist, dass das Nachweisverfahren eine Kontamination anzeigt (Ereignis B), wenn die untersuchte Fleischprobe Salmonellen enthält (Ereignis A). $P(B \mid A)$ ist somit ein Maß für die Güte des Nachweisverfahrens.

In der Anwendung wird man ebenfalls an $P(A \mid B)$ interessiert sein, daran, wie wahrscheinlich es ist, dass das Fleisch tatsächlich mit Salmonellen kontaminiert ist, wenn der Test dies anzeigt. Dieser Wert, der so genannte **positive Vorhersagewert**, sollte möglichst groß sein, damit wenig Fleisch unnötig aus dem Verkehr genommen wird.

Definition positiver Vorhersagewert

Beziehung zwischen P(B | A) und P(A | B)

Der **Satz von Bayes** gibt an, wie sich die beiden bedingten Wahrscheinlichkeiten P(B | A) und P(A | B) ineinander umrechnen lassen:

$$
\begin{aligned}
P(A \mid B) \ &= \frac{P(A \cap B)}{P(B)} \\
&= \frac{P(A)}{P(A)} \frac{P(A \cap B)}{P(B)} \\
&= \frac{P(A)}{P(B)} \frac{P(A \cap B)}{P(A)} \\
&= \frac{P(A)}{P(B)} \, P(B \mid A) \tag{7}
\end{aligned}
$$

P(A) wäre im Zusammenhang des Salmonellen-Nachweisverfahrens die Wahrscheinlichkeit, mit der Fleischproben im Allgemeinen kontaminiert sind. P(B) wäre die Wahrscheinlichkeit, dass der Test anspricht und zwar unabhängig davon, ob eine Kontamination vorliegt oder nicht. Falls neben der Sensitivität P(B | A) jedoch nicht P(B), sondern die Spezifität P($\overline{B}$ | $\overline{A}$) ausgewiesen worden ist, so muss der Satz von Bayes umformuliert werden, um auf P(A | B) schließen zu können. Es ist

$$
P(A \mid B) = \frac{P(A \cap B)}{P(B)} = \frac{\text{[Diagramm: A \cap B grau markiert, } \Omega\text{]}}{\text{[Diagramm: B grau markiert, } \Omega\text{]}} \tag{8}
$$

Zunächst wird der Zähler P(A ∩ B) in Gleichung 8 umgeschrieben. Nach dem Multiplikationssatz (Gleichung 5) ist

$$
P(A \cap B) = P(B \mid A) \cdot P(A) = \frac{\text{[Diagramm: A \cap B grau markiert, } \Omega\text{]}}{\text{[Diagramm: B grau markiert, } \Omega\text{]}} \cdot \text{[Diagramm: A grau markiert, } \Omega\text{]}
$$

Der Nenner P(B) in Gleichung 8 lässt sich auch ausdrücken als

$$= P(B \mid A) \cdot P(A) + P(B \mid \overline{A}) \cdot P(\overline{A})$$

Somit gilt

$$
\begin{aligned}
P(A \mid B) \ &= \frac{P(A \cap B)}{P(B)} \\[6pt]
&= \frac{P(B \mid A) \cdot P(A)}{P(B \mid A) \cdot P(A) + P(B \mid \overline{A}) \cdot P(\overline{A})} \\[6pt]
&= \frac{P(B \mid A) \cdot P(A)}{P(B \mid A) \cdot P(A) + [1 - P(\overline{B} \mid \overline{A})] \cdot [1 - P(A)]}
\end{aligned}
\tag{9}
$$

Dabei wurde die Beziehung $P(B \mid \overline{A}) = 1 - P(\overline{B} \mid \overline{A})$ genutzt, die im Abschnitt 2.2.2 hergeleitet worden ist (Gleichung 4). Damit lässt sich $P(A \mid B)$ wie gewünscht aus $P(A)$, der Sensitivität $P(B \mid A)$ und der Spezifität $P(\overline{B} \mid \overline{A})$ ableiten.

In Tabelle 2 sind die bereits gewonnen Informationen über das Salmonellen-Nachweisverfahren zusammengefasst.

Tab. 2: Zusammenfassung für das Beispiel des Salmonellen-Nachweisverfahrens.		
	A	**$\overline{A}$**
B	Sensitivität = Wahrscheinlichkeit, dass eine Kontamination richtig angezeigt wird: $P(B \mid A) = 0{,}98$	Wahrscheinlichkeit, dass eine Kontamination angezeigt wird, obwohl die Probe unbedenklich ist: $P(B \mid \overline{A}) = 1 - P(\overline{B} \mid \overline{A}) = 0{,}04$ (Gleichung 4)
$\overline{B}$	Wahrscheinlichkeit, dass eine Kontamination nicht erkannt wird: $P(\overline{B} \mid A) = 1 - P(B \mid A) = 0{,}02$ (Aufgabe A.3)	Spezifität = Wahrscheinlichkeit, dass die Unbedenklichkeit einer Probe richtig erkannt wird: $P(\overline{B} \mid \overline{A}) = 0{,}96$

Die Wahrscheinlichkeit P(A), dass Fleischproben mit Salmonellen konta-
miniert sind, betrage 1%. Dann ist die Wahrscheinlichkeit P(A | B), dass
eine Probe, die durch das Nachweisverfahren als kontaminiert ausgewiesen wird, tatsächlich mit Salmonellen belastet ist

$$
\begin{aligned}
P(A \mid B) \;&=\; \frac{P(B \mid A) \cdot P(A)}{P(B \mid A) \cdot P(A) + [1 - P(\overline{B} \mid \overline{A})] \cdot [1 - P(A)]} \\
&=\; \frac{0{,}98 \cdot 0{,}01}{0{,}98 \cdot 0{,}01 + 0{,}04 \cdot 0{,}99} \\
&=\; 0{,}20
\end{aligned}
$$

Obwohl das Nachweisverfahren nach den Werten, die in Tabelle 2 aufgeführt sind, sehr verlässlich erscheint, beträgt die Wahrscheinlichkeit
dafür, dass eine Kontamination vorliegt, wenn der Test dies anzeigt, lediglich 20%!

Zu ähnlich überraschenden Schlussfolgerungen kommt man immer
wieder, wenn es um Diagnoseverfahren und Tests geht. Entscheidend
dabei ist, wie groß (beziehungsweise wie gering) die Wahrscheinlichkeit P(A) ist: Je kleiner P(A) ist, desto kleiner ist der Zähler im Quotienten

$$
\frac{P(B \mid A) \cdot P(A)}{P(B \mid A) \cdot P(A) + [1 - P(\overline{B} \mid \overline{A})] \cdot [1 - P(A)]}
$$

und desto größer ist der Term $[1 - P(A)]$ in seinem Nenner. Ein gerin-
ger Werte von P(A) führt daher zu einem geringem Wert für P(A | B),
falls der Test nicht eine sehr hohe Sensitivität P(B | A) und Spezifität
$P(\overline{B} \mid \overline{A})$ aufweist.

Vierfeldertafel Eine Alternative zur Verwendung von Gleichung 9 stellt die Kon-
struktion eines Zahlenbeispiels in Form einer **Vierfeldertafel** dar (Tab. 3).
Angenommen es werden 10 000 Fleischproben mit dem Salmonellen-
Nachweisverfahren untersucht. Bei einer Wahrscheinlichkeit P(A) = 1%
für Salmonellenbefall ist damit zu rechnen, dass 100 dieser Proben kontaminiert sind. Da die Sensitivität 0,98 beträgt, wird diese Kontamination bei 0,98 · 100 = 98 Proben richtig erkannt. Es bleiben 100 – 98 =
2 kontaminierte Proben, bei denen der Salmonellenbefall nicht erkannt
wird. Damit sind die Zahlenwerte in der zweiten Spalte der Vierfeldertafel
bestimmt. 10 000 – 100 = 9900 Proben sind unbelastet (Ereignis $\overline{A}$). Da die
Spezität des Tests 0,96 beträgt, wird dies bei 0,96 · 9900 = 9504 Proben
richtig erkannt. Es bleiben 9900 – 9504 = 396 Proben, die zwar unbelastet sind, bei denen der Test jedoch fälschlicherweise eine Kontamination
anzeigt. Dies sind die Zahlenwerte, die in die dritte Spalte der Vierfeldertafel geschrieben werden.

Tab. 3: Vierfeldertafel für das Beispiel des Salmonellen-Nachweisverfahrens.		
	A	$\overline{A}$
B	P(B | A) · 100 = 0,98 · 100 = 98	9900 − 9504 = 396
$\overline{B}$	100 − 98 = 2	P($\overline{B}$ | $\overline{A}$) · 9900 = 0,96 · 9900 = 9504

Der positive Vorhersagewert P(A | B) ist das Verhältnis der richtig als kontaminiert ausgewiesenen Proben (98) zur Gesamtzahl der als kontaminiert ausgewiesenen Proben (98 + 396):

$$P(A \mid B) = \frac{98}{98 + 396}$$
$$= 0,20$$

Stellt sich abschließend noch die Frage, wozu ein Testverfahren überhaupt gut ist, das einen so geringen positiven Vorhersagewert aufweist. Darauf gibt es zwei Antworten. Einerseits könnte man, wenn der Test erst einmal einen Verdacht erregt hat, mit einem aufwendigeren, aber verlässlicheren Verfahren nachtesten. Dies geschieht beispielsweise bei Untersuchungen auf HIV-Infektion beim Menschen. Andererseits ist nicht nur die Aussagekraft eines positiven, sondern auch eines negativen Testergebnisses von Interesse. Im Beispiel des Salmonellen-Nachweisverfahren fallen 2 + 9504 = 9506 von 10 000 Tests negativ aus (unterste Zeile in Tabelle 3). Nur in zwei Fällen ist dieses Ergebnis falsch. Die Wahrscheinlichkeit, dass trotz eines negativen Testergebnisses eine Kontamination vorliegt, beträgt folglich nur 2/9506 = 0,0002. Ein negatives Ergebnis, das die Unbedenklichkeit der Probe attestiert, ist also sehr verlässlich.

Ein weiteres Anwendungsbeispiel für Gleichung 9 folgt im Abschnitt 2.2.6.

2.2.5 Additionssatz

Der Multiplikationssatz gibt an, wie groß die Wahrscheinlichkeit P(A ∩ B) ist, dass sowohl das Ereignis A als auch das Ereignis B eintritt. Der **Additionssatz** dagegen gibt an, wie groß die Wahrscheinlichkeit P(A ∪ B) ist, dass mindestens eines der beiden Ereignisse A und B eintritt. Mathematisch formuliert lautet er

$$P(A \cup B) = P(A) + P(B) - P(A \cap B) \tag{10}$$

Begründung des
Additionssatzes mit-
hilfe von Mengen-
diagrammen

Wie diese Beziehung zu Stande kommt, lässt sich ebenfalls mithilfe von Mengendiagrammen begründen:

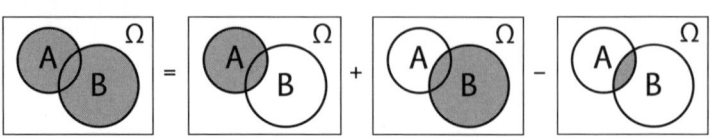

$A \cup B$ entspricht der Fläche, die von den Ereignissen A und B eingenommen wird. Diese Fläche erhält man, indem man zunächst die Fläche von A und die Fläche von B addiert. Die Fläche der Schnittmenge $A \cap B$ ist in dieser Summe jedoch zweimal enthalten und muss daher abschließend noch einmal subtrahiert werden.

Beispiel

Als Beispiel werden zwei Würfe mit einem homogenen Würfel betrachtet. Wie groß ist die Wahrscheinlichkeit, dabei mindestens einmal die Augenzahl 6 zu erzielen?

Ereignis A: Augenzahl 6 beim 1. Wurf, $P(A) = 1/6$
Ereignis B: Augenzahl 6 beim 2. Wurf, $P(B) = 1/6$

$$
\begin{aligned}
P(A \cap B) &= 1/36 \text{ (Abschnitt 2.2.3)} \\
P(A \cup B) &= P(A) + P(B) - P(A \cap B) \\
&= 1/6 + 1/6 - 1/36 \\
&= 11/36
\end{aligned}
$$

Schließen sich zwei Ereignisse A und B gegenseitig aus, so ist die Schnittmenge $A \cap B$ leer und der Additionssatz vereinfacht sich zu

$$P(A \cup B) = P(A) + P(B) \tag{11}$$

Beispiel

So schließen sich beispielsweise die m Elementarereignisse ω_i eines Zufallsexperiments gegenseitig aus. Ist $P(\{\omega_i\})$ die Wahrscheinlichkeit für das Elementarereignis ω_i, so berechnet sich die Wahrscheinlichkeit $P(\Omega)$ dafür, dass bei der Durchführung des Experiments irgendeines der Elementarereignisse eintritt (ω_1 oder ω_2 oder ... oder ω_m), als

$$
\begin{aligned}
P(\Omega) &= P(\{\omega_1\} \cup \{\omega_2\} \cup ... \cup \{\omega_m\}) \\
&= P(\{\omega_1\}) + P(\{\omega_2\}) + ... + P(\{\omega_m\}) \\
&= \sum_{i=1}^{m} P(\{\omega_i\}) \\
&= \sum_{i=1}^{m} \frac{1}{m} \text{ (für Laplace-Experimente)} \\
&= 1
\end{aligned}
$$

2.2.6 Anwendung der Wahrscheinlichkeitsrechnung in der Genetik

Die zweigeschlechtliche Fortpflanzung ist ein Zufallsexperiment, bei dem die Erbanlagen zweier Individuen neu kombiniert werden. Die Zusammensetzung der Erbanlage des Nachwuchses kann nicht vorhergesagt werden. Unter Umständen lässt sich aber die Wahrscheinlichkeit dafür berechnen, dass bestimmte Anlagen vererbt werden. Dabei wird mit bedingten Wahrscheinlichkeiten, dem Multiplikationssatz, dem Satz von Bayes und dem Additionssatz gearbeitet. Die Wahrscheinlichkeitsrechnung ist daher eine unerlässliche Grundlage der Genetik und damit der Tier- und Pflanzenzucht.

Im vorliegenden Abschnitt wird die autosomal-rezessive Vererbung von Merkmalen betrachtet (Abschnitt 2.2.3). Die Häufigkeiten, mit der die Genotypen AA, Aa und aa in einer Population vorkommen, seien mit p, 2q und r bezeichnet (p + 2q + r = 1). Die Wahrscheinlichkeit der Fortpflanzung sei für alle Genotypen gleich.

Das Allel a kann nur von Eltern des Genotyps aa oder Aa vererbt werden. Die Wahrscheinlichkeit, dass es vom Populationsanteil r des Genotyps aa vererbt wird, beträgt r. Die Wahrscheinlichkeit, dass es vom Populationsanteil 2q des Genotyps Aa vererbt wird, beträgt $1/2 \cdot 2q$. Insgesamt ist die Wahrscheinlichkeit P(a), dass das Allel a in die nächste Generation vererbt wird, daher P(a) = r + q. Analog erhält man P(A) = p + q. Die Wahrscheinlichkeit, dass ein Allel bei der Fortpflanzung vererbt wird, entspricht seiner Häufigkeit in der Population.

Herleitung Hardy-Weinberg-Gleichgewicht

Nehmen wir an, in einer Population überwiegt der Genotyp AA (p > r). Dann ist die Wahrscheinlichkeit P(A), dass das Allel A vererbt wird, größer als die Wahrscheinlichkeit P(a), dass das Allel a vererbt wird. Sterben folglich das Allel a und so auch das mit dem Genotyp aa verbundene Merkmal aus?

In der nächsten Generation ergeben sich – unter Anwendung des Multiplikations- und des Additionssatzes – die folgenden Wahrscheinlichkeiten für die unterschiedlichen Genotypen:

• Allel a sowohl vom Vater als auch von der Mutter:

$$
\begin{aligned}
P(aa) &= P(a \cap a) \\
&= P(a) \cdot P(a) \\
&= (r + q)^2
\end{aligned}
$$

• Allel A vom Vater und Allel a von der Mutter oder umgekehrt:

$$
\begin{aligned}
P(Aa) &= P[\, (A \cap a) \cup (a \cap A) \,] \\
&= P(A \cap a) + P(a \cap A) \\
&= P(A)\, P(a) + P(a)\, P(A) \\
&= (p + q) \cdot (r + q) + (r + q) \cdot (p + q) \\
&= 2\,(p + q)\,(r + q)
\end{aligned}
$$

• Allel A sowohl vom Vater als auch von der Mutter:

$$
\begin{aligned}
P(AA) &= P(A \cap A) \\
&= P(A) \cdot P(A) \\
&= (p + q)^2
\end{aligned}
$$

Die Häufigkeit des Allels a in der Folgegeneration ist damit

$$
\begin{aligned}
P(a) &= P(aa) + 1/2\, P(Aa) \\
&= (r + q)^2 + (p + q)\,(r + q) \\
&= (r + q)\,(r + q + p + q) \\
&= (r + q)\,(p + 2q + r)
\end{aligned}
$$

Da $p + 2q + r = 1$ gilt, erhält man in der 2. Generation ebenso wie in der 1. Generation $P(a) = r + q$ und analog $P(A) = p + q$. Die Häufigkeit, mit der die beiden Allele in der Population auftreten, bleibt also über die Generationen hinweg unverändert, selbst dann, wenn ein Allel überwiegt. Um nun die Häufigkeit, mit der die unterschiedlichen Genotypen nach erneuter Fortpflanzung in der 3. Generation auftreten, zu ermitteln, muss man die vorangehende Berechnung lediglich wiederholen und kommt damit natürlich wieder zu demselben Ergebnis: $P(aa) = (r + q)^2$, $P(Aa) = 2\,(p + q)\,(r + q)$ und $P(AA) = (p + q)^2$. Ab der 2. Generation bleibt also auch die Häufigkeit der unterschiedlichen Genotypen und damit die Häufigkeit, mit der das angesprochene Merkmal in der Population auftritt, konstant (**Hardy-Weinberg-Gleichgewicht**).

Anteile der unterschiedlichen Genotypen an der Population

Wenn das Allel a rezessiv ist, ist ein Individuum des Genotyps Aa von einem des Genotyps AA nicht zu unterscheiden. Ohne eine molekularbiologisch Genanalyse lässt sich lediglich der Anteil derjenigen Individuen in der Population ermitteln, die den Genotyp aa besitzen, weil diese das mit diesem Genotyp verbundene Merkmal zeigen. Falls das Hardy-Weinberg-Gleichgewicht herrscht, kann jedoch aus dem Anteil der Individuen des Genotyps aa auf den Anteil der beiden anderen Genotypen geschlossen werden:

Wie gesehen ist $P(aa) = [P(a)]^2$ und $P(Aa) = 2\,P(A)\,P(a)$. Mit $P(A) + P(a) = 1$ ergibt sich

$$
\begin{aligned}
P(Aa) &= 2\,[1 - P(a)]\,P(a) \\
&= 2\,[1 - \sqrt{P(aa)}]\cdot\sqrt{P(aa)}
\end{aligned}
\tag{12}
$$

$$
P(AA) = 1 - P(aa) - P(Aa) \tag{13}
$$

Beispiel für ein Kreuzungsexperiment

Das folgende Beispiel, das Eßl (1987) entlehnt ist, zeigt eine Anwendung der Inhalte von Abschnitt 2.2.2 bis 2.2.5 in der Tierzucht. In einer Rinderpopulation betrage die relative Häufigkeit, mit der das Allel a vorkommt, $P(a) = 0{,}2$. Ein Tier, welches das Allel a in seinem Erbgut trägt, wird als **Anlageträger** bezeichnet. Um zu untersuchen, ob ein Stier unbekannten Genotyps Anlageträger ist, wird er mit einem Muttertier des Genotyps aa gepaart. Je mehr Kälber der Stier nacheinander zeugt, die das mit dem Genotyp aa verbundene Merkmal nicht zeigen, desto geringer ist die Wahrscheinlichkeit, dass er Anlageträger ist. Wie viele merkmalsfreie Kälber müssen nacheinander gezeugt werden, damit diese Wahrscheinlichkeit kleiner als 1% wird?

Da die Kälber von ihrer Mutter in jedem Fall das Allel a erben, das Merkmal aber nicht aufweisen, müssen sie den Genotypen Aa besitzen, wobei das Allel A vom Vater kommt. Die Wahrscheinlichkeit, dass der Stier das Allel A vererbt, wenn sein Genotyp Aa ist, beträgt $P(A \mid Aa) = 0{,}5$. Die Wahrscheinlichkeit, dass ein Stier des Genotyps AA das Allel A vererbt, beträgt $P(A \mid AA) = 1{,}0$.

Die Wahrscheinlichkeit, dass der Stier den Genotyp Aa hat, wenn er n-mal das Allel A vererbt (Ereignis nA), ergibt sich nach dem Satz von Bayes (Gleichung 9) als

$$P(Aa \mid nA) = \frac{P(nA \mid Aa) \cdot P(Aa)}{P(nA \mid Aa) \cdot P(Aa) + P(nA \mid AA) \cdot P(AA)}$$

Es ist $P(nA \mid Aa) = 0{,}5^n$ und $P(nA \mid AA) = 1^n = 1$. Die übrigen Wahrscheinlichkeiten auf der rechten Seite der Gleichung erhält man aus folgender Überlegung:

Die Häufigkeit der Genotypen in der Population lässt sich im Hardy-Weinberg-Gleichgewicht wie oben gezeigt ermitteln als

- $P(aa) = [P(a)]^2 = 0{,}04$
- $P(Aa) = 2\,[1 - P(a)]\,P(a) = 0{,}32$ (Gleichung 12)
- $P(AA) = 1 - P(aa) - P(Aa) = 0{,}64$ (Gleichung 13)

Dass der Stier den Genotyp aa hat, scheidet allerdings aus. Er muss entweder den Genotyp Aa oder den Genotyp AA besitzen, sonst könnten die Kälber nicht merkmalsfrei sein. P(Aa) und P(AA) können mit dieser zusätzlichen Information durch die folgenden bedingten Wahrscheinlichkeiten ersetzt werden:

$$
\begin{aligned}
P(Aa \mid Aa \cup AA) &= \frac{P[Aa \cap (Aa \cup AA)]}{P(Aa \cup AA)} \\
&= \frac{P(Aa)}{P(Aa) + P(AA)} \\
&= \frac{0{,}32}{0{,}32 + 0{,}64} \\
&= 0{,}33
\end{aligned}
$$

$$
\begin{aligned}
P(AA \mid Aa \cup AA) &= \frac{P[AA \cap (Aa \cup AA)]}{P(Aa \cup AA)} \\
&= \frac{P(AA)}{P(Aa) + P(AA)} \\
&= \frac{0{,}64}{0{,}32 + 0{,}64} \\
&= 0{,}67
\end{aligned}
$$

Es folgt:

$$P(Aa \mid nA) = \frac{P(nA \mid Aa) \cdot P(Aa \mid Aa \cup AA)}{P(nA \mid Aa) \cdot P(Aa \mid Aa \cup AA) + P(nA \mid AA) \cdot P(AA \mid Aa \cup AA)}$$
$$= \frac{0{,}5^n \cdot 0{,}33}{0{,}5^n \cdot 0{,}33 + 1 \cdot 0{,}67}$$

Durch Umformung ergibt sich

$$0{,}5^n = \frac{0{,}67 \, P(Aa \mid nA)}{0{,}33 \, [1 - P(Aa \mid nA)]}$$

$P(Aa \mid nA)$ soll kleiner als 0,01 sein, das heißt

$$0{,}5^n < \frac{0{,}67 \cdot 0{,}01}{0{,}33 \, [1 - 0{,}01]}$$

$$n \ln(0{,}5) < \ln(0{,}02)$$

Nun wird durch $\ln(0{,}5)$ dividiert. Dabei kehrt sich das Ungleichheitszeichen um, weil $\ln(0{,}5) < 0$ ist.

$$n > \ln(0{,}02) / \ln(0{,}5)$$
$$n > 5{,}6$$

Es müssen nacheinander sechs merkmalsfreie Kälber geboren werden.

2.2.7 Kombinatorik

Die Wahrscheinlichkeit, dass bei einem Laplace-Experiment ein bestimmtes Ereignis eintritt, berechnet sich gemäß Gleichung 1. Dazu muss die Anzahl der Elemente der Ergebnismenge Ω bekannt sein. Nicht immer lässt sich aber die Anzahl der Elementarereignisse so leicht abzählen wie zum Beispiel bei einem Würfel. In diesem Fall hilft unter Umständen die Kombinatorik weiter. Die **Kombinatorik** ist ein Teilgebiet der Mathematik, in dem die Frage behandelt wird, wie viele Möglichkeiten es gibt, einer Menge von n Elementen eine Teilmenge (eine Stichprobe) mit k Elementen zu entnehmen. Dabei werden folgende Varianten unterschieden:

Variation und Kombination mit und ohne Wiederholung

1. Die Reihenfolge der Elemente in der Stichprobe ist
   - relevant (**Variation** beziehungsweise **geordnete Stichprobe**)
   - nicht relevant (**Kombination** beziehungsweise **ungeordnete Stichprobe**).
2. Jedes Element der Menge kann
   - mehrfach in der Stichprobe auftreten (**„mit Wiederholung"**)
   - nur einmal in der Stichprobe auftreten (**„ohne Wiederholung"**).

Wie viele Augenzahlpaare sind beispielsweise beim Wurf zweier Wür- Beispiele
fel möglich? Alternativ könnte auch ein Würfel zweimal geworfen werden. Die Reihenfolge, in der die beiden Augenzahlen gewürfelt werden,
kann dabei unterschieden werden und ist relevant: Wird zuerst eine 1
und dann eine 2 gewürfelt, so ist dies ein anderes Elementarereignis als
wenn zuerst eine 2 und dann eine 1 gewürfelt wird. Ferner können jedes
Mal die Zahlen von 1 bis 6 auftreten. Die Frage nach der Anzahl der Elementarereignisse bei diesem Zufallsexperiment ist daher die Frage nach
der Anzahl der Variationen mit Wiederholung bei der Entnahme von k =
2 Elementen (zwei Augenzahlen) aus einer Menge von n = 6 Elementen
(den Augenzahlen von 1 bis 6).

Bei der Lotterie 6 aus 49 ist die Reihenfolge, in der die Zahlen gezogen werden, dagegen nicht relevant. Ist eine Kugel entnommen, so wird
sie nicht zurückgelegt; die betreffende Zahl kann sich daher nicht wiederholen. Die Anzahl der Elementarereignisse ist in diesem Fall die Anzahl
der Kombinationen ohne Wiederholung von k = 6 Elementen aus einer
Menge von n = 49 Elementen.

In Tabelle 4 ist zusammengefasst, wie sich die gesuchte Anzahl der Teil-
mengen in den oben aufgeführten unterschiedlichen Varianten berechnet. Darin steht n! (gesprochen „n Fakultät") für das Produkt aller Faktoren von n bis 1:

$$n! = n \cdot (n - 1) \cdot \ldots \cdot 2 \cdot 1 \qquad (14)$$

Ferner ist $\binom{n}{k}$ (gesprochen „n über k") definiert als

$$\binom{n}{k} = \frac{n!}{k! \, (n - k)!} \qquad (15)$$

Tab. 4: Anzahl der Möglichkeiten, einer Menge von n Elementen k Elemente zu entnehmen.

	mit Wiederholung	ohne Wiederholung
Variation (geordnete Stichprobe)	n^k	$\dfrac{n!}{(n-k)!}$
Kombination (ungeordnete Stichprobe)	$\binom{n + k - 1}{k}$	$\binom{n}{k}$

Beim Wurf zweier Würfel etwa beträgt die Anzahl der möglichen Augen- Beispiele
zahlpaare

$$\begin{aligned} m &= 6^2 \\ &= 36 \end{aligned}$$

Bei der Lotterie 6 aus 49 ist die Anzahl der Elementarereignisse

$$
\begin{aligned}
m &= \binom{49}{6} \\
&= \frac{49!}{6! \cdot 43!} \\
&= \frac{49 \cdot 48 \cdot 47 \cdot 46 \cdot 45 \cdot 44 \cdot 43 \cdot 42 \cdot \ldots \cdot 1}{6 \cdot 5 \cdot 4 \cdot 3 \cdot 2 \cdot 1 \cdot 43 \cdot 42 \cdot \ldots \cdot 1} \\
&= \frac{49 \cdot 48 \cdot 47 \cdot 46 \cdot 45 \cdot 44}{6 \cdot 5 \cdot 4 \cdot 3 \cdot 2 \cdot 1} \\
&= 13\,983\,816
\end{aligned}
$$

Die Wahrscheinlichkeit, dass genau ein bestimmter Satz von sechs Zahlen gezogen wird, beträgt folglich nur 1:13 983 816 ≈ 0,00000007.

2.3   Empirische Wahrscheinlichkeit

Falls das untersuchte Zufallsexperiment kein Laplace-Experiment ist oder die Anzahl seiner Elementarereignisse nicht bestimmt werden kann, lässt sich Gleichung 1 nicht anwenden. In diesem Fall kann die Wahrscheinlichkeit eines Ereignisses nur näherungsweise ermittelt werden, nämlich auf Basis einer endlichen Anzahl von Durchführungen des Zufallsexperiments. Man spricht in diesem Fall auch davon, dass die Wahrscheinlichkeit **empirisch** bestimmt wird.

absolute und relative Häufigkeit

Bei n Durchführungen des Zufallsexperiments sei das Ereignis A in $n(A)$ Fällen beobachtet worden. $n(A)$ wird als die **absolute Häufigkeit** des Ereignisses A bezeichnet. Setzt man $n(A)$ in Relation zu n, so erhält man die **relative Häufigkeit** $h_n(A)$ des Ereignisses A:

$$
h_n(A) = \frac{n(A)}{n} \tag{16}
$$

Aus $0 \le n(A) \le n$ folgt

$$
0 \le h_n(A) \le 1 \tag{17}
$$

Die relative Häufigkeit weist damit eine Eigenschaft auf, die auch kennzeichnend für die Wahrscheinlichkeit ist (vergleiche Beziehung 2). Ob die Ähnlichkeit zwischen relativer Häufigkeit und Wahrscheinlichkeit eines Ereignisses noch weiter geht, lässt sich durch Experimente wie dem Folgenden untersuchen:

Beispiel

Ein homogener Würfel wird einmal geworfen. A sei das Ereignis, eine gerade Augenzahl zu werfen. Die Wahrscheinlichkeit P(A) beträgt 1/2. Findet man dies auch experimentell heraus? In Tabelle 5 sind die Ergebnisse von zehn Würfen aufgeführt. Abbildung 1 zeigt die Änderung der relativen Häufigkeit $h_n(A)$ bei diesen zehn und weiteren neunzig Durchführungen des Experiments.

Tab. 5: Beispiel für das Ergebnis von zehn Würfen eines homogenen Würfels.

Wurf Nr.	Augenzahl	$n(A)$	$h_n(A)$
1	4	1	1/1 = 1,00
2	1	1	1/2 = 0,50
3	5	1	1/3 = 0,33
4	6	2	2/4 = 0,50
5	2	3	3/5 = 0,60
6	3	3	3/6 = 0,50
7	1	3	3/7 = 0,43
8	2	4	4/8 = 0,50
9	3	4	4/9 = 0,44
10	6	5	5/10 = 0,50

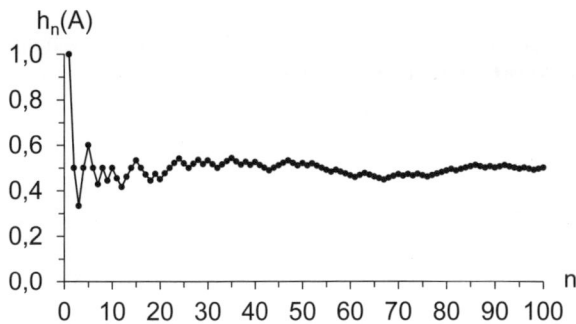

Abb. 1:
Beispiel für die Änderung der relativen Häufigkeit des Auftretens einer geraden Augenzahl bei 100 Würfen eines homogenen Würfels.

Die relative Häufigkeit $h_n(A)$ scheint sich im obigen Beispiel mit zunehmender Anzahl von Durchführungen des Experiments immer besser dem gesuchten Wert von $P(A) = 0,5$ anzunähern. Hieraus und aus den Ergebnissen einer Vielzahl ähnlicher Experimente lässt sich folgern, dass die relative Häufigkeit $h_n(A)$ einen Näherungswert für die Wahrscheinlichkeit $P(A)$ des Ereignisses A darstellt, der umso genauer wird, je öfter das Zufallsexperiment durchgeführt wird:

relative Häufigkeit = Näherungswert für die Wahrscheinlichkeit

$$\lim_{n \to \infty} h_n(A) = P(A) \qquad (18)$$

Dies ist das so genannte **Gesetz der großen Zahlen**.

3 Diskrete Zufallsvariablen

Definition diskrete
Zufallsvariable

Ein Kennzeichen der Zufallsvariablen, die in Abschnitt 2 angesprochen wurden, ist, dass sich ihre Werte mit einem Index versehen und so durchnummerieren lassen. Dabei wird jedem Wert der Zufallsvariablen eine natürliche Zahl zugeordnet. Dies ist genau dann möglich, wenn die Zufallsvariable entweder nur endlich viele oder, wie es in der Mathematik heißt, abzählbar unendlich viele Werte annimmt. Eine solche Zufallsvariable wird als **diskrete Zufallsvariable** bezeichnet.

Definition stetige
Zufallsvariable

Das Gegenteil einer diskreten Zufallsvariablen ist eine **stetige Zufallsvariable**. Diese kann, zumindest innerhalb eines gewissen Bereiches, jeden beliebigen reellen Wert annehmen. Da in jedem Intervall [a; b] mit b > a mehr reelle Zahlen liegen als es insgesamt natürliche Zahlen gibt, können die möglichen Werte einer solchen Zufallsvariablen nicht abgezählt werden. Stetige Zufallsvariablen sind das Thema des Abschnitts 4. Im vorliegenden Abschnitt 3 werden dagegen nur diskrete Zufallsvariablen betrachtet.

Symbole für die Variable und ihre Werte

Als Symbol für eine Zufallsvariable wird in der Regel ein Großbuchstabe verwendet. Ihre Werte werden mit Kleinbuchstaben bezeichnet. Ein Wert der Zufallsvariablen X wird demnach symbolisch als x geschrieben. Im Fall einer diskreten Zufallsvariablen lassen sich die Werte durchnummerieren; einer diskreten Zufallsvariablen X werden daher die Werte x_i mit i = 1, 2, ..., n zugeordnet.

Beispiele

Die Zufallsvariable Augenzahl beim Wurf eines Würfels beispielsweise kann sechs diskrete Werte annehmen: $x_1 = 1$, $x_2 = 2$, $x_3 = 3$, $x_4 = 4$, $x_5 = 5$ und $x_6 = 6$. Wird als Zufallsvariable X dagegen die Augensumme (Summe der beiden Augenzahlen) beim Wurf zweier Würfel betrachtet, so hat man es mit elf möglichen Werten x_i (i = 1, ..., 11) zu tun: 2, 3, 4, 5, 6, 7, 8, 9, 10, 11 und 12.

3.1 Wahrscheinlichkeits- und Verteilungsfunktion

Von besonderem Interesse ist es, Aussagen darüber machen zu können, mit welcher Wahrscheinlichkeit eine Zufallsvariable spezielle Werte annimmt. Diese Wahrscheinlichkeit wird nachfolgend mit $f(x_i)$ bezeichnet.

Wir bleiben beim letztgenannten Beispiel, der Zufallsvariablen Augensumme beim Wurf zweier homogener Würfel. Bei diesem Zufallsexperiment gibt es $m = 36$ Elementarereignisse (unterschiedliche Augenzahlpaare). Die Augensummen $x_1 = 2$ bis $x_{11} = 12$ ergeben sich bei Eintreten unterschiedlicher dieser Elementarereignisse. Dies ist in Tabelle 6 dargestellt. So erhält man beispielsweise den Wert $x_3 = 4$ der Zufallsvariablen Augensumme, wenn eines der drei Elementarereignisse (1; 3), (2; 2) oder (3; 1) eintritt. Die Augensumme 4 stellt also ein Ereignis mit drei Elementen dar. Da der Wurf zweier homogener Würfel ein Laplace-Experiment ist, ergibt sich die Wahrscheinlichkeit für die Augensumme 4 nach Gleichung 1 als $f(4) = 3/36$. Diese und die Wahrscheinlichkeiten für die übrigen Augensummen sind ebenfalls in Tabelle 6 aufgeführt.

Beispiel

Tab. 6: Zufallsvariable Augensumme beim Wurf zweier homogener Würfel.

x_i	2	3	4	5	6	7	8	9	10	11	12
	(1; 1)	(1; 2)	(1; 3)	(1; 4)	(1; 5)	(1; 6)	(2; 6)	(3; 6)	(4; 6)	(5; 6)	(6; 6)
		(2; 1)	(2; 2)	(2; 3)	(2; 4)	(2; 5)	(3; 5)	(4; 5)	(5; 5)	(6; 5)	
			(3; 1)	(3; 2)	(3; 3)	(3; 4)	(4; 4)	(5; 4)	(6; 4)		
				(4; 1)	(4; 2)	(4; 3)	(5; 3)	(6; 3)			
					(5; 1)	(5; 2)	(6; 2)				
						(6; 1)					
$f(x_i)$	1/36	2/36	3/36	4/36	5/36	6/36	5/36	4/36	3/36	2/36	1/36

Die Werte $f(x_i)$ für die Wahrscheinlichkeit bilden zusammen die **Wahrscheinlichkeitsfunktion** der Zufallsvariablen X. In Abbildung 2 ist die Wahrscheinlichkeitsfunktion der Zufallsvariablen Augensumme grafisch dargestellt. Es ergibt sich ein charakteristisches Bild; man spricht von einer **Dreiecksverteilung**. Im Fall der Zufallsvariablen Augenzahl beim Wurf nur eines homogenen Würfels dagegen tritt jeder Wert der Zufallsvariablen mit derselben Wahrscheinlichkeit $f(x_i) = 1/6$ ($i = 1, ..., 6$) auf (Abb. 3). Man spricht dann von einer **Gleichverteilung**. Zufallsvariablen lassen sich also durch bestimmte Typen von Wahrscheinlichkeitsfunktionen charakterisieren.

Zufallsvariablen lassen sich durch Wahrscheinlichkeitsfunktionen charakterisieren

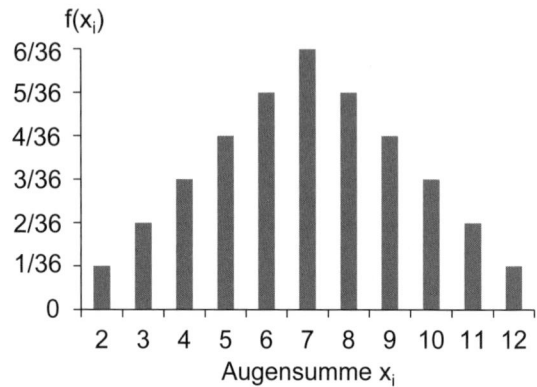

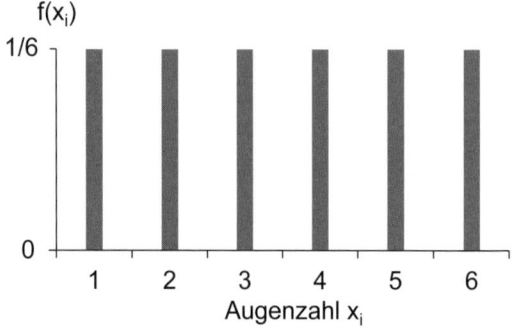

Addiert man alle Werte $f(x_i)$ einer Wahrscheinlichkeitsfunktion, so muss sich 1 ergeben, denn irgendeinen ihrer Werte x_i (i = 1, …, n) wird die Zufallsvariable bei einer Ausführung des Zufallsexperiments in jedem Fall annehmen. Dies ist die so genannte **Normierungsbedingung** für Wahrscheinlichkeitsfunktionen:

$$\sum_{i=1}^{n} f(x_i) = 1$$

(19)

Eine weitere Möglichkeit, die Wahrscheinlichkeit für das Auftreten der unterschiedlichen Werte x_i einer diskreten Zufallsvariablen X zu charakterisieren, liegt in der Angabe ihrer so genannten **Verteilungsfunktion** $F(x_i)$. Die Werte der Verteilungsfunktion werden nach folgender Vorschrift berechnet:

$$F(x_i) = \sum_{k=1}^{i} f(x_k)$$

(20)

Damit ist $F(x_i)$ die Wahrscheinlichkeit dafür, dass die Zufallsvariable X einen Wert annimmt, der kleiner oder gleich x_i ist:

$$F(x_i) = P(X \leq x_i) \tag{21}$$

Für die Augensumme beim Wurf zweier homogener Würfel beispiels- *Beispiel*
weise ist
- $F(2) = f(2) = 1/36$
- $F(3) = f(2) + f(3) = 1/36 + 2/36 = 3/36$
- $F(4) = f(2) + f(3) + f(4) = 1/36 + 2/36 + 3/36 = 6/36$
- ...
- $F(12) = f(2) + f(3) + f(4) + ... + f(12) = 1/36 + 2/36 + 3/36 + ... + 1/36 = 36/36$

In Abbildung 4 ist diese Verteilungsfunktion grafisch dargestellt.

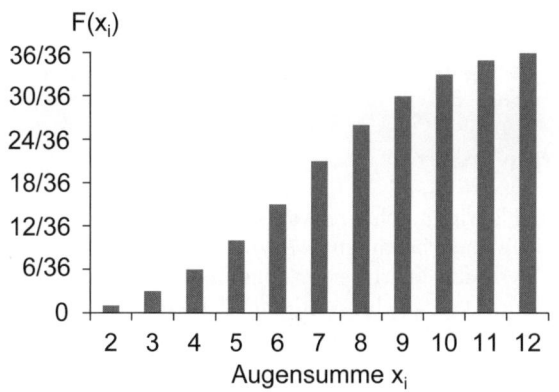

Abb. 4:
Verteilungsfunktion der Zufallsvariablen Augensumme beim Wurf zweier homogener Würfel.

Die Verwendung der Verteilungsfunktion zur Beschreibung einer Zufallsvariablen mag zunächst etwas umständlich erscheinen. Sie hat aber Vorteile, wenn man nicht die Wahrscheinlichkeit dafür berechnen möchte, dass die Zufallsvariable einen einzelnen Wert annimmt, sondern die Wahrscheinlichkeit dafür, dass der Wert der Zufallsvariablen in ein vorgegebenes Intervall fällt. Um beispielsweise die Wahrscheinlichkeit $P(a < X \leq b)$ dafür zu ermitteln, dass der Wert der Zufallsvariablen in ein Intervall $]a; b]$ fällt, müssen lediglich zwei Werte der Verteilungsfunktion subtrahiert werden:

$$\begin{aligned} P(a < X \leq b) &= P(X \leq b) - P(X \leq a) \\ &= F(b) - F(a) \end{aligned} \tag{22}$$

Beispiel

Das Zufallsexperiment sei beispielsweise der Wurf zweier homogener Würfel, Zufallsvariable X die Augensumme. Die Wahrscheinlichkeit $P(3 < X \leq 9)$ lässt sich mithilfe der Wahrscheinlichkeitsfunktion berechnen als

$$
\begin{aligned}
P(3 < X \leq 9) &= f(4) + f(5) + f(6) + f(7) + f(8) + f(9) \\
&= 3/36 + 4/36 + 5/36 + 6/36 + 5/36 + 4/36 \\
&= 27/36
\end{aligned}
$$

Einfach geht dies aber mithilfe der Verteilungsfunktion:

$$
\begin{aligned}
P(3 < X \leq 9) &= F(9) - F(3) \\
&= 30/36 - 3/36 \\
&= 27/36
\end{aligned}
$$

Weitere Beispiele für die Verwendung von Verteilungsfunktionen folgen im Abschnitt 3.4.3 und im Zusammenhang mit den statistischen Tests für stetige Zufallsvariablen, die im Abschnitt 4 vorgestellt werden.

Übungsaufgabe

Lösen Sie zur Übung des Umgangs mit Verteilungsfunktionen Aufgabe A.6 im Anhang!

3.2 Erwartungswert

Eine Zufallsvariable wird durch ihre Wahrscheinlichkeits- oder Verteilungsfunktion vollständig beschrieben. Dazu müssen unter Umständen aber sehr viele Werte aufgeführt werden. Eine andere, pauschalere Möglichkeit, die Zufallsvariable zu charakterisieren, besteht darin anzugeben, welchen Wert sie im Mittel annimmt und wie stark ihre Werte um diesen Mittelwert herum streuen.

Beispiel

Beispielhaft wird der Wurf eines homogenen Würfels betrachtet. Zufallsvariable X sei die Augenzahl. Die Zufallsvariable Augenzahl ist im Fall eines homogenen Würfels gleichverteilt (Tab. 7). Führt man das Zufallsexperiment n-mal durch, so erwartet man, dass der Würfel je n/6-mal die Augenzahl 1, 2, 3, 4, 5 und 6 zeigt. Die mittlere Augenzahl μ berechnet sich, indem man alle Augenzahlen zusammenzählt und durch die Anzahl n der Versuchsdurchführungen teilt:

$$
\begin{aligned}
\mu &= \frac{n/6 \cdot 1 + n/6 \cdot 2 + \ldots + n/6 \cdot 6}{n} \\
&= 1/6 \cdot 1 + 1/6 \cdot 2 + \ldots + 1/6 \cdot 6 \\
&= 3{,}5
\end{aligned}
$$

Tab. 7: Wahrscheinlichkeitsfunktion der Zufallsvariablen Augenzahl beim Wurf eines homogenen Würfels.

x_i	1	2	3	4	5	6
$f(x_i)$	1/6	1/6	1/6	1/6	1/6	1/6

Nun wird ein inhomogener Würfel getestet. Er sei so manipuliert worden, dass er die Augenzahl 6 nicht nur mit einer Wahrscheinlichkeit von 1/6 (rund 17%), sondern von 5/10 (50%) zeigt (Tab. 8). Führt man das Zufallsexperiment n-mal durch, so erwartet man die Augenzahl 6 also in 5/10·n Fällen. Die übrigen Augenzahlen werden dagegen nur jeweils n/10-mal auftreten. Die mittlere Augenzahl µ berechnet sich auch hier wieder, indem man alle Augenzahlen zusammenzählt und durch die Anzahl n der Versuchsdurchführungen teilt:

$$\mu = \frac{n/10 \cdot 1 + ... + n/10 \cdot 5 + 5n/10 \cdot 6}{n}$$
$$= 1/10 \cdot 1 + ... + 1/10 \cdot 5 + 5/10 \cdot 6$$
$$= 4,5$$

Tab. 8: Beispiel für die Wahrscheinlichkeitsfunktion der Zufallsvariablen Augenzahl beim Wurf eines inhomogenen Würfels.

x_i	1	2	3	4	5	6
$f(x_i)$	1/10	1/10	1/10	1/10	1/10	5/10

Die Manipulation des Würfels und die damit einhergehende Veränderung der Wahrscheinlichkeitsfunktion drücken sich also in einer Verschiebung des Mittelwertes µ aus.

Der Mittelwert µ einer Zufallsvariablen X wird auch als ihr **Erwartungswert** E(X) bezeichnet. Er berechnet sich, wie die beiden Beispiele zeigen, indem man jeden Wert x_i der Zufallsvariablen mit seiner Wahrscheinlichkeit $f(x_i)$ multipliziert und alle diese Produkte addiert:

Erwartungswert einer diskreten Zufallsvariablen

$$F(X) = \sum_{i=1}^{n} f(x_i) \, x_i \tag{23}$$

(n: Anzahl der Werte der Zufallsvariablen).

Beim Wurf zweier homogener Würfel (Tab. 6) zum Beispiel ergibt sich als Erwartungswert der Zufallsvariablen Augensumme

Beispiel

$$E(X) = 1/36 \cdot 2 + 2/36 \cdot 3 + 3/36 \cdot 4 + 4/36 \cdot 5 + 5/36 \cdot 6 + 6/36 \cdot 7 +$$
$$5/36 \cdot 8 + 4/36 \cdot 9 + 3/36 \cdot 10 + 2/36 \cdot 11 + 1/36 \cdot 12$$
$$= 7$$

In diesem Beispiel stimmt der Erwartungswert mit der Position des Maximums der Wahrscheinlichkeitsfunktion überein. Dies ist jedoch keineswegs immer so, wie etwa das Beispiel des inhomogenen Würfels zeigt. Das Maximum der Wahrscheinlichkeitsfunktion des inhomogenen Würfels liegt bei der Augenzahl 6. Der Erwartungswert ist aber 4,5. Die Position des Maximums erhält daher eine eigene Bezeichnung: Man spricht vom **Modus** beziehungsweise **Modalwert** der Zufallsvariablen. Die Augenzahl beim Wurf des inhomogenen Würfels hat also den Erwartungswert 4,5 und den Modus 6. Im Fall der Augensumme beim Wurf zweier homogener Würfel ergibt sich dagegen Erwartungswert = Modus = 7.

Definition Modus beziehungsweise Modalwert

Oft lässt sich der Erwartungswert der Zufallsvariablen nicht so einfach berechnen wie in den obigen Beispielen. Man kann dann lediglich aus einer Stichprobe von Werten der Zufallsvariablen einen Näherungswert für den Erwartungswert ableiten und versuchen, von diesem auf den gesuchten Erwartungswert der Grundgesamtheit zu schließen.

Beispiel

In einer landesweiten Erhebung seien beispielsweise die Daten von 1100 Eier erzeugenden Betrieben erfasst worden. Bei der Zusammenfassung der Ergebnisse in Tabelle 9 werden vier Betriebsgrößenklassen unterschieden.

Tab. 9: Fiktive Daten zu Eier erzeugenden Betrieben. Die Zahlenwerte geben ungefähr die Verhältnisse in Deutschland wieder.

durchschnittliche Anzahl N der Lege- hennen/Betrieb	relative Häufigkeit entsprechender Betriebe	mittlere Legeleistung L (Eier/Legehenne/Tag)
3 000	18%	0,76
6 000	24%	0,78
15 000	34%	0,79
76 000	24%	0,83

a) Berechnen Sie die mittlere Anzahl der Legehennen pro Betrieb!
b) Berechnen Sie die mittlere Anzahl n_d der täglich gelegten Eier!

Lösung:
a) Mit der mittleren Anzahl der Legehennen pro Betrieb ist die mittlere Betriebsgröße oder, genauer gesagt, der Erwartungswert

$$E(N) = \sum_{i=1}^{4} f(n_i)\, n_i$$

der Betriebsgröße angesprochen. n_i ist der i-te Wert der Zufallsvariablen N ($n_1 = 3\,000$, $n_2 = 6000$, $n_3 = 15\,000$, $n_4 = 76\,000$). Für die zugehörigen Wahrscheinlichkeiten $f(n_i)$ werden die in der Tabelle 9 angegebenen Werte der relativen Häufigkeit eingesetzt (Abschnitt 2.3).

Der Erwartungswert E(N) berechnet sich damit zu

$$E(N) \approx (0,18 \cdot 3000 + 0,24 \cdot 6000 + 0,34 \cdot 15\,000 + 0,24 \cdot 76\,000)$$
$$\text{Legehennen/Betrieb}$$
$$= 25\,320 \text{ Legehennen/Betrieb}$$

b) Erwartungswert der Legeleistung L:

$$E(L) \approx (0,18 \cdot 0,76 + 0,24 \cdot 0,78 + 0,34 \cdot 0,79 + 0,24 \cdot 0,83)$$
$$\text{Eier/Legehenne/Tag}$$
$$= 0,79 \text{ Eier/Legehenne/Tag}$$

$$n_d \quad = 1100 \text{ Betriebe} \cdot E(N) \cdot E(L)$$
$$\approx 22 \text{ Millionen Eier/Tag}$$

3.3 Varianz

Nun fehlt noch ein Maß für die Streuung der einzelnen Werte x_i der Zufallsvariablen um den Erwartungs- beziehungsweise Mittelwert μ. Es ist zunächst naheliegend, analog zu Gleichung 23 vorzugehen und die Summe

$$\sum_{i=1}^{n} f(x_i)\,(x_i - \mu)$$

der mit $f(x_i)$ gewichteten Abweichungen $x_i - \mu$ vom Mittelwert zu berechnen.

Dieser Ansatz soll am Beispiel der Zufallsvariablen Augensumme beim *Beispiel* Wurf zweier homogener Würfel getestet werden. In Tabelle 10 sind die Werte der zugehörigen Wahrscheinlichkeitsfunktion zusammengefasst.

Tab. 10: Wahrscheinlichkeitsfunktion der Zufallsvariablen Augensumme beim Wurf zweier homogener Würfel (Abb. 2).										
x_i	2	3	4	5	6	7	8	9	10	11	12
$f(x_i)$	1/36	2/36	3/36	4/36	5/36	6/36	5/36	4/36	3/36	2/36	1/36

Betrachten wir zunächst die Differenz der Augenzahlen 8 und 6 vom Erwartungswert μ = 7. Es ist 8 − 7 = 1 und 6 − 7 = − 1. Außerdem sind beide Augenzahlen gleich wahrscheinlich (f(8) = f(6) = 5/36). Daher ist f(8) (8 − 7) + f(6) (6 − 7) = 0. In der Summe heben sich die beiden mit ihrer Wahrscheinlichkeit gewichteten Differenzen auf. Analog ist

- $f(9)\,(9 - 7) + f(5)\,(5 - 7) = 0$
- $f(10)\,(10 - 7) + f(4)\,(4 - 7) = 0$
- $f(11)\,(11 - 7) + f(3)\,(3 - 7) = 0$
- $f(12)\,(12 - 7) + f(2)\,(2 - 7) = 0$

Ferner ist f(7) (7 − 7) = 0. Die Summe aller gewichteten Abweichung ist daher

$$\sum_{i=1}^{11} f(x_i) \, (x_i - \mu) = 0$$

Das Problem, dass die Summe der gewichteten Abweichungen Null ist, stellt sich generell. Daher ist dieser Ansatz nicht dazu geeignet, die Streuung der Zufallsvariablenwerte zu beschreiben. Bei der Berechnung eines Maßes für die Streuung muss verhindert werden, dass sich positive und negative Abweichungen vom Mittelwert kompensieren. Man kann dies dadurch erreichen, dass man die Abweichung $x_i - \mu$ in Betragsstriche setzt und die **mittlere absolute Abweichung**

Definition mittlere absolute Abweichung

$$\sum_{i=1}^{n} f(x_i) \, | \, x_i - \mu \, |$$

berechnet. In der Statistik wird jedoch in der Regel eine andere Lösung bevorzugt, nämlich die Abweichungen zu quadrieren. Auch auf diese Weise erhalten alle Terme hinter dem Summenzeichen positives Vorzeichen, sodass eine gegenseitige Kompensation ausgeschlossen ist. Die Summe der mit $f(x_i)$ gewichteten quadrierten Abweichungen vom Mittelwert bezeichnet man als die **Varianz** der Zufallsvariablen, geschrieben σ^2 oder Var(X):

Definition Varianz

$$\sigma^2 = \text{Var}(X) = \sum_{i=1}^{n} f(x_i) \, (x_i - \mu)^2 \qquad (24)$$

Definition Standardabweichung

Die Quadratwurzel aus der Varianz ist die so genannte **Standardabweichung** der Zufallsvariablen

$$\sigma = \sqrt{\text{Var}(X)} \qquad (25)$$

$$= \sqrt{\sum_{i=1}^{n} f(x_i) \, (x_i - \mu)^2}$$

Beispiel

So sind Varianz und Standardabweichung der Zufallsvariablen Augensumme beim Wurf zweier homogener Würfel:
$\sigma^2 = 1/36 \cdot (2 - 7)^2 + 2/36 \cdot (3 - 7)^2 + 3/36 \cdot (4 - 7)^2 + ... + 1/36 \cdot (12 - 7)^2$
$= 5{,}83$
$\sigma = 2{,}42$

3.4 Bernoulli-Experimente

3.4.1 Einleitung

Bislang sind zwei unterschiedliche Wahrscheinlichkeitsverteilungen vorgestellt worden, die Dreiecks- und die Gleichverteilung. Es gibt eine Vielzahl weiterer möglicher Verteilungen. Zu den besonders wichtigen Wahrscheinlichkeitsverteilungen für diskrete Zufallsvariablen gehört die Binomialverteilung. Sie gilt für solche Zufallsvariablen, die sich als Resultat einer Kette von so genannten Bernoulli-Experimenten ergeben.

Ein **Bernoulli-Experiment** ist ein Zufallsexperiment mit genau zwei möglichen, sich gegenseitig ausschließenden Ausgängen bezüglich eines Ereignisses A. Die Wahrscheinlichkeit für das Ereignis A wird üblicherweise mit p bezeichnet, diejenige für das komplementäre Ereignis $\overline{A}$ mit q:

Definition Bernoulli-Experiment

$$f(A) \quad = p$$
$$f(\overline{A}) \quad = q = 1 - p$$

A bezeichne beispielsweise das Ereignis, beim Wurf eines Würfels die Augenzahl 6 zu erzielen. Entweder wird eine Sechs geworfen oder nicht. Es gibt also genau zwei sich gegenseitig ausschließende Ausgänge des Experiments bezüglich des Ereignisses A, sodass man von einem Bernoulli-Experiment sprechen kann. Ist der Würfel homogen, so handelt es sich zugleich um ein Laplace-Experiment (Abschnitt 2.2). Ist der Würfel dagegen inhomogen, so sind die Elementarereignisse nicht mehr gleich wahrscheinlich. Es liegt dann kein Laplace-Experiment vor. Allerdings handelt es sich auch in diesem Fall immer noch um ein Bernoulli-Experiment, denn es gibt nach wie vor genau zwei sich gegenseitig ausschließende Ausgänge des Experiments bezüglich A.

Beispiel

3.4.2 Binomialverteilung

Eine Folge voneinander unabhängiger Bernoulli-Experimente mit konstanter Wahrscheinlichkeit p wird **Bernoulli-Kette** genannt. Als ein Beispiel wird nachfolgend der wiederholte Wurf eines Würfels betrachtet. Das Ereignis, beim Wurf i die Augenzahl 6 zu erzielen, wird mit A_i bezeichnet, das komplementäre Ereignis mit $\overline{A}_i$. Abbildung 5 zeigt, in welcher Weise die Ereignisse A und $\overline{A}$ bei dreifacher Durchführung des Bernoulli-Experiments aufeinanderfolgen können. Diese Art der Darstellung wird auch als **Ereignisbaum** bezeichnet.

Definition Bernoulli-Kette

Abb. 5:
Mögliche Resultate einer Bernoulli-Kette aus dreimaligem Würfeln.

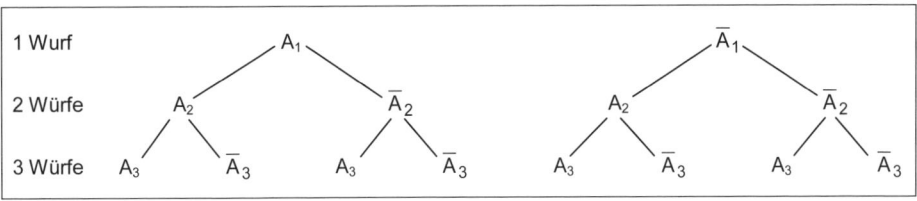

1 Wurf			A_1				$\overline{A}_1$	
2 Würfe	A_2			$\overline{A}_2$		A_2		$\overline{A}_2$
3 Würfe	A_3	$\overline{A}_3$		A_3	$\overline{A}_3$	A_3	$\overline{A}_3$	A_3	$\overline{A}_3$

Ziel der folgenden Überlegungen ist es, die Wahrscheinlichkeit zu bestimmen, dass bei insgesamt n Würfen 0-mal, 1-mal, 2-mal, ..., n-mal die Augenzahl 6 gewürfelt wird. Diese Wahrscheinlichkeiten werden nachfolgend mit f(0), f(1), f(2), ..., f(n) bezeichnet.

Herleitung der
Wahrscheinlichkeits-
funktion der
Binomialverteilung

Bei nur einem Wurf wird die Sechs mit der Wahrscheinlichkeit p geworfen. Das komplementäre Ereignis – es wird keine Sechs gewürfelt – tritt mit der Wahrscheinlichkeit q ein:

$$f(0) = q$$
$$f(1) = p$$

Bei zweimaligem Würfeln erhält man das Ergebnis, dass keine Sechs geworfen wird, wenn weder im ersten noch im zweiten Wurf eine Sechs erzielt wird. Dies entspricht dem zusammengesetzten Ereignis $\overline{A}_1 \cap \overline{A}_2$, dessen Wahrscheinlichkeit nach dem Multiplikationssatz (Abschnitt 2.2.3) $P(\overline{A}_1 \cap \overline{A}_2) = q \cdot q$ beträgt. Es ist daher

$$f(0) = q^2$$

Genau eine Sechs kann auf zwei unterschiedliche Weisen erzielt werden:
- Variante 1 besteht darin, beim ersten Wurf eine Sechs zu würfeln, beim zweiten aber nicht. Dies ist das zusammengesetzte Ereignis $A_1 \cap \overline{A}_2$ mit der Wahrscheinlichkeit $P(A_1 \cap \overline{A}_2) = p \cdot q$.
- In der Variante 2 wird beim ersten Wurf keine, dann aber beim zweiten Wurf eine Sechs gewürfelt. Dies ist das zusammengesetzte Ereignis $\overline{A}_1 \cap A_2$ mit der Wahrscheinlichkeit $P(\overline{A}_1 \cap A_2) = q \cdot p$.

Genau eine Sechs wird nach zwei Würfen erzielt, wenn entweder Variante 1 oder Variante 2 eintritt. Die Wahrscheinlichkeit für dieses Ereignis beträgt daher

$$f(1) = P[(A_1 \cap \overline{A}_2) \cup (\overline{A}_1 \cap A_2)]$$
$$= p \cdot q + q \cdot p$$
$$= 2 p q$$

Genau zweimal wird die Sechs gewürfelt, wenn das Ereignis A zweimal hintereinander eintritt. Die Wahrscheinlichkeit hierfür ist

$$f(2) = P(A_1 \cap A_2)$$
$$= p^2$$

Bei dreimaligem Würfeln erhält man keine Sechs, wenn dreimal hintereinander das Ereignis $\overline{A}$ eintritt. Dies geschieht mit der Wahrscheinlichkeit

$f(0) = q^3$

Genau eine Sechs ergibt sich, wenn entweder nur im ersten Wurf oder nur im zweiten Wurf oder nur im dritten Wurf eine Sechs gewürfelt wird. Dies entspricht den zusammengesetzten Ereignissen $A_1 \cap \overline{A}_2 \cap \overline{A}_3$, $\overline{A}_1 \cap A_2 \cap \overline{A}_3$ und $\overline{A}_1 \cap \overline{A}_2 \cap A_3$. Jedes dieser zusammengesetzten Ereignisse hat die Wahrscheinlichkeit $p \cdot q^2$. Es ergibt sich daher

$f(1) = 3 p q^2$

Genau zweimal wird die Sechs gewürfelt, wenn eines der zusammengesetzten Ereignisse $A_1 \cap A_2 \cap \overline{A}_3$, $A_1 \cap \overline{A}_2 \cap A_3$ oder $\overline{A}_1 \cap A_2 \cap A_3$ eintritt. Die Wahrscheinlichkeit hierfür beträgt jeweils $p^2 \cdot q$. Damit ist

$f(2) = 3 p^2 q$

Die Wahrscheinlichkeit, genau dreimal eine Sechs zu erzielen, ist

$f(3) = p^3$

In Tabelle 11 sind die Ergebnisse der bisherigen Überlegungen zusammengefasst. Diese sollen jetzt verallgemeinert werden.

Tab. 11: Wahrscheinlichkeit f(k) (k = 1, ..., n) für das k-malige Eintreten eines Ereignisses der Wahrscheinlichkeit p bei n-maliger Wiederholung eines Bernoulli-Experiments.				
n	f(0)	f(1)	f(2)	f(3)
1	q	p		
2	q^2	$2 p q$	p^2	
3	q^3	$3 p q^2$	$3 p^2 q$	p^3

Die Faktoren, die vor p und q und ihren Potenzen stehen, bilden das Schema

n = 1   1   1

n = 2   1   2   1

n = 3   1   3   3   1

Dies ist ein Ausschnitt des Pascalschen Dreiecks. Die Zahlenwerte im Pascalschen Dreieck sind die Binomialkoeffizienten

$$\binom{n}{k} = \frac{n!}{k!\,(n-k)!}$$

wobei n die Anzahl der Versuchsdurchführungen und k die Häufigkeit des Ereignisses mit der Wahrscheinlichkeit p bezeichnet. Die Binomialkoeffizienten werden multipliziert mit Ausdrücken der Form $p^k\,q^{n-k}$. Beispiel:

$$f(2) \text{ für } n = 3: \quad \binom{n}{k} p^k q^{n-k} = \binom{3}{2} p^2 q^{3-2}$$

$$= \frac{3!}{2!(3-2)!}\ p^2\,q$$

$$= \frac{3\cdot 2\cdot 1}{2\cdot 1\cdot 1}\ p^2\,q$$

$$= 3\,p^2\,q \text{ (vergleiche Tabelle 11)}$$

Damit lässt sich zusammenfassen: Die Wahrscheinlichkeit, dass das Ereignis der Wahrscheinlichkeit p bei n-maliger Wiederholung eines Bernoulli-Experiments k-mal eintritt, beträgt

$$f(k) = \binom{n}{k} p^k q^{n-k} \tag{26}$$

Definition
Binomialverteilung

Die Wahrscheinlichkeitsverteilung mit dieser Wahrscheinlichkeitsfunktion wird als die **Binomialverteilung** bezeichnet. Nur falls die Ereignisse A und $\overline{A}$ gleich wahrscheinlich sind (p = q = 1/2), ist die Wahrscheinlichkeitsfunktion der Binomialverteilung symmetrisch (Abb. 6 links). In allen anderen Fällen ist sie asymmetrisch (Abb. 6 rechts).

Abb. 6:
Wahrscheinlichkeits-funktion der Binomial-verteilung mit n = 30 und p = 1/2 (links) sowie p = 1/6 (rechts).

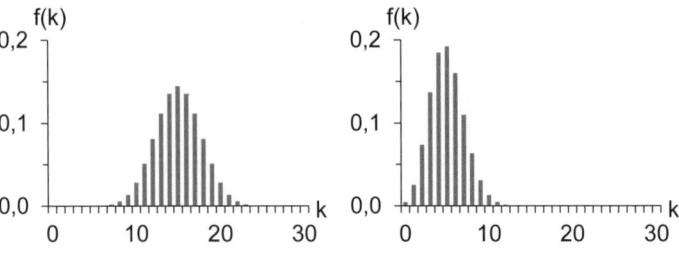

Mithilfe der Binomialverteilung lässt sich beispielsweise die Frage beant- worten, wie groß ist die Wahrscheinlichkeit ist, dass sich in einem Wurf von zehn Ferkeln mindestens drei männliche Tiere befinden, wenn die Wahrscheinlichkeit männlicher und weiblicher Tiere jeweils 1/2 beträgt.

Es handelt sich um eine Kette von n = 10 Bernoulli-Experimenten mit den sich gegenseitig ausschließenden Ereignissen „männliches Tier" und „weibliches Tier". f(k) bezeichne die Wahrscheinlichkeit, dass sich in dem Wurf genau k männliche Ferkel befinden. Die Wahrscheinlichkeit P(K ≥ 3), dass sich in dem Wurf mindestens drei männliche Ferkel befinden, berechnet sich dann als

$$P(K \geq 3) = f(3) + f(4) + f(5) + f(6) + f(7) + f(8) + f(9) + f(10)$$

wobei jeder der acht Werte in der Summe nach Gleichung 26 zu bestimmen ist. Man kann sich Rechenarbeit ersparen, indem man sich überlegt, dass nach der Normierungsbedingung für Wahrscheinlichkeitsfunktionen (Gleichung 19) die Summe aller Werte der Wahrscheinlichkeitsfunktion 1 ergeben muss:

$$\sum_{k=0}^{10} f(k) = 1$$

Daraus folgt:

$$P(K \geq 3) \quad = 1 - f(0) - f(1) - f(2)$$
$$= 1 - P(K \leq 2)$$

Jetzt muss Gleichung 26 nur noch dreimal angewendet werden:

$$f(0) \quad = \binom{10}{0} \left(\frac{1}{2}\right)^0 \left(\frac{1}{2}\right)^{10}$$
$$= 1 \cdot 1 \cdot \left(\frac{1}{2}\right)^{10}$$
$$= 0{,}001$$

$$f(1) \quad = \binom{10}{1} \left(\frac{1}{2}\right)^1 \left(\frac{1}{2}\right)^9$$
$$= \frac{10!}{1! \ 9!} \left(\frac{1}{2}\right)^{10}$$
$$= 10 \left(\frac{1}{2}\right)^{10}$$
$$= 0{,}010$$

$$f(2) = \binom{10}{2} \left(\frac{1}{2}\right)^2 \left(\frac{1}{2}\right)^8$$

$$= \frac{10!}{2!\ 8!} \left(\frac{1}{2}\right)^{10}$$

$$= \frac{10 \cdot 9}{2} \left(\frac{1}{2}\right)^{10}$$

$$= 0{,}044$$

Die gesuchte Wahrscheinlichkeit ist damit

$$P(K \geq 3) = 1 - f(0) - f(1) - f(2)$$
$$= 1 - 0{,}001 - 0{,}010 - 0{,}044$$
$$= 0{,}945$$

Verteilungsfunktion der Binomialverteilung

Noch einfacher wäre die Berechnung durchzuführen, wenn die Werte der Verteilungsfunktion

$$F(k) = \sum_{i=0}^{k} \binom{n}{i} p^i\, q^{n-i} \tag{27}$$

der Binomialverteilung bekannt wären. In diesem Fall könnte man nämlich auch rechnen

$$P(K \geq 3) = 1 - P(K \leq 2)$$
$$= 1 - F(2)$$

Excel-Funktion BINOM.VERT

und sich damit die dreimalige Anwendung der Gleichung 26 ersparen. Tabellen mit Werten der Verteilungsfunktion der Binomialverteilung finden sich häufig in Statistiklehrbüchern. Die Werte der Wahrscheinlichkeits- und der Verteilungsfunktion der Binomialverteilung lassen sich außerdem durch vordefinierte Funktionen von Tabellenkalkulations- und Statistikprogrammen berechnen. In Excel dient dazu die Funktion BINOM.VERT (ab Excel2010; für ältere Excel-Versionen: BINOMVERT). Diese hat vier Argumente. Die ersten drei sind k, n und p. Als viertes Argument wird WAHR oder FALSCH eingesetzt. Im ersten Fall wird ein Wert der Verteilungsfunktion, im zweiten Fall ein Wert der Wahrscheinlichkeitsfunktion ausgegeben.

Die Binomialverteilung ist nur eine unter vielen Wahrscheinlichkeitsverteilungen, die für diskrete Zufallsvariablen möglich sind. Weitere Beispiele, auf die hier allerdings nicht näher eingegangen wird, sind die Hypergeometrische Verteilung und die Poisson-Verteilung. Im Abschnitt 4 werden außerdem verschiedene Verteilungen für stetige Zufallsvariablen vorgestellt.

3.4.3 Einseitiger Binomialtest

Ein homogener Würfel wird dreißigmal geworfen. Die Anzahl der dabei erzielten Sechsen ist eine binomialverteilte Zufallsvariable K mit n = 30 und p = 1/6 (Abschnitt 3.4.2). Die zugehörige Wahrscheinlichkeitsfunktion ist rechts in Abbildung 6 dargestellt. In Tabelle 12 sind einige der Werte der Verteilungsfunktion aufgeführt.

Beispiel

Tab. 12: Werte der Verteilungsfunktion der Binomialverteilung mit n = 30 und p = 1/6.									
k	...	5	6	7	8	9	10	11	12	...
F(k)	...	0,616	0,777	0,886	0,949	0,980	0,993	0,998	0,999	...

Die Verteilungsfunktion zeigt beispielsweise, dass mit 94,9% Wahrscheinlichkeit bis zu acht Sechsen geworfen werden:

$$P(K \leq 8) = F(8)$$
$$= 0{,}949$$

(Gleichung 21). Umgekehrt beträgt die Wahrscheinlichkeit, dass beim dreißigmaligen Wurf eines homogenen Würfels mehr als acht Sechsen geworfen werden, nur 5,1%:

$$P(K \geq 9) = 1 - P(K \leq 8)$$
$$= 1 - F(8)$$
$$= 0{,}051$$

Dies kann man sich zunutze machen, um zu prüfen, ob der Würfel eventuell so manipuliert worden ist, dass die Augenzahl 6 mit einer Wahrscheinlichkeit p > 1/6 fällt. Werden bei dreißig Würfen bis zu acht Sechsen erzielt, so ist dies ein Ergebnis, dass man im Fall des homogenen Würfels mit 94,9% Wahrscheinlichkeit erwarten kann. Eine höhere Anzahl von Sechsen ist für einen homogenen Würfel dagegen relativ unwahrscheinlich und könnte daher als Bestätigung für den Verdacht angesehen werden, dass p in Wirklichkeit größer als 1/6 ist.

Damit ist das Prinzip des **einseitigen Binomialtests** bereits geschildert. Der Verdacht p > 1/6 stellt die so genannte **Alternativhypothese** des Tests dar. Sie wird abkürzend auch mit H_1 bezeichnet:

Null- und Alternativhypothese

$$H_1: p > 1/6$$

Falls die Alternativhypothese nicht zutrifft, so gilt ihr logisches Gegenteil. Das logische Gegenteil von „größer" ist „kleiner oder gleich". So ergibt sich die **Nullhypothese** H_0 des Tests:

$$H_0: p \leq 1/6$$

Die Nullhypothese wird verworfen, wenn der beobachtete Wert k der geworfenen Sechsen für eine binomialverteilte Zufallsvariable mit n = 30 und p = 1/6 ungewöhnlich hoch ist. Was unter „ungewöhnlich hoch" zu verstehen ist, muss vor der weiteren Auswertung entschieden werden.

Es werde beispielsweise folgende Festlegung getroffen: H_0 wird verworfen, wenn k in den Bereich derjenigen Werte fällt, die so groß sind, dass die Zufallsvariable sie unter der Voraussetzung p = 1/6 mit weniger als α = 5% Wahrscheinlichkeit annimmt. Neun Sechsen und mehr werden im Fall des homogenen Würfels, wie bereits dargelegt, mit etwas mehr als 5% Wahrscheinlichkeit geworfen. k = 9 würde demnach noch nicht zur Ablehnung der Nullhypothese ausreichen. Zehn Sechsen und mehr werden dagegen mit weniger als 5% Wahrscheinlichkeit erzielt:

$$P(K \geq 10) = 1 - P(K \leq 9)$$
$$= 1 - F(9)$$
$$= 0{,}020$$

H_0 würde folglich verworfen, wenn k ≥ 10 wäre.

Für k = 10 beispielsweise würde der hier vorgestellte Test wie folgt in Kurzform notiert:

H_0: p ≤ 1/6
H_1: p > 1/6
α = 0,05

k = 10
$$P(K \geq 10) = 1 - P(K \leq 9)$$
$$= 1 - F(9)$$
$$= 0{,}020$$
$$< \alpha$$

mit F: Verteilungsfunktion der Binomialverteilung mit n = 30 und p = 1/6
⇒ H_0 wird zu Gunsten von H_1 verworfen.

Fehler 1. Art

Bei einem statistischen Test besteht allerdings immer das Risiko eines Irrtums. Natürlich können auch dann, wenn der Würfel homogen ist (H_0 ist gültig) bei dreißig Würfen zufällig zehn Sechsen geworfen werden. Es können auch dreißig Sechsen geworfen werden, selbst wenn die Wahrscheinlichkeit dafür gering ist. Die Wahrscheinlichkeit, dass bei dreißig Würfen eines homogenen Würfels zehn oder mehr Sechsen geworfen werden, ist, wie gesehen, $P(K \geq 10) = 0{,}020$. Mit dieser Wahrscheinlichkeit wird also ein Ergebnis erzielt, dass zu einer Ablehnung der Nullhypothese führt, obwohl die Nullhypothese gültig ist. Auch ein Ergebnis des Versuchs, dass bei Gültigkeit der Nullhypothese mit einer Wahrscheinlichkeit α von knapp 5% auftritt, wäre fälschlicherweise so gedeutet worden, dass die Nullhypothese abzulehnen ist. α stellt also die Obergrenze für die Wahrscheinlichkeit dar, die Nullhypothese irrtümlich zu verwer-

Irrtumswahrscheinlichkeit α = Wahrscheinlichkeit, die Nullhypothese irrtümlich zu verwerfen

fen. Daher wird α als die **Irrtumswahrscheinlichkeit** bezeichnet. Die irrtümliche Ablehnung der Nullhypothese wird **Fehler 1. Art** genannt.

Wäre α = 1% gewählt worden, so hätte man H_0 beibehalten müssen, da die Wahrscheinlichkeit, dass die Zufallsvariable bei Gültigkeit von H_0 einen Wert größer gleich 10 annimmt, größer als 1% und damit in diesem Fall größer als α wäre. Die Wahl der Irrtumswahrscheinlichkeit α hat unter Umständen also entscheidenden Einfluss auf die Schlussfolgerung aus dem Test. Es sei hier noch einmal betont, dass α vor dem Test, am besten noch vor der Durchführung des Zufallsexperiments, festgelegt werden muss. Die Irrtumswahrscheinlichkeit sollte keinesfalls nachträglich so gewählt werden, dass der Test ein gewünschtes Ergebnis liefert! Übliche Werte für α sind 0,05 und 0,01. Die Irrtumswahrscheinlichkeit kann aber auch noch niedriger angesetzt werden, falls die Folgen einer irrtümlichen Ablehnung der Nullhypothese besonders schwerwiegend sein sollten.

Auch der umgekehrte Fall, dass die Nullhypothese H_0 irrtümlich beibehalten wird, kann auftreten. Dieser Fehler wird als der **Fehler 2. Art** bezeichnet. Nehmen wir an, ein Würfel sei dreißigmal geworfen worden. Dabei seien weniger als zehn Sechsen erzielt worden ($k \leq 9$). Das Versuchsergebnis wird dann so gedeutet, dass die Nullhypothese H_0 beibehalten werden kann. Tatsächlich aber sei ein inhomogener Würfel verwendet worden, der so manipuliert worden sei, dass die Augenzahl 6 mit der Wahrscheinlichkeit p = 1/2 auftritt. Die Anzahl K der geworfenen Sechsen ist in diesem Fall eine binomialverteilte Zufallsvariable mit n = 30 und p = 1/2. Die Wahrscheinlichkeitsfunktion dieser Zufallsvariable ist links in Abbildung 6 dargestellt. Die Wahrscheinlichkeit, dass eine solche Zufallsvariable einen Wert $k \leq 9$ annimmt, ist

$$P(K \leq 9) = F(9)$$
$$= 0{,}021$$

wobei F die Verteilungsfunktion der Binomialverteilung mit n = 30 und p = 1/2 ist (Berechnung von F(9) in Excel mit BINOM.VERT(9;30;0,5;WAHR)). Mit dieser Wahrscheinlichkeit wird beim dreißigmaligen Wurf des inhomogenen Würfels folglich ein Ergebnis erzielt, das dazu führt, dass die Nullhypothese $p \leq 1/6$ fälschlicherweise beibehalten wird.

Die Wahrscheinlichkeit dafür, den Fehler 2. Art zu begehen, kann im Gegensatz zu der Wahrscheinlichkeit α für den Fehler 1. Art im Allgemeinen nicht angegeben werden! Um sie im Beispiel des inhomogenen Würfels berechnen zu können, musste bekannt sein, dass der Würfel inhomogen mit p = 1/2 ist. Diese Information ist bei der Prüfung des Würfels aber nicht bekannt. Wäre sie es, so müsste der Test erst gar nicht durchgeführt werden.

Einfluss der Irrtumswahrscheinlichkeit auf die Schlussfolgerung aus dem Test

Fehler 2. Art

Die Wahrscheinlichkeit für den Fehler 2. Art ist unbekannt.

Als zweites Beispiel wird nun ein Keimversuch betrachtet. Die Keimfähigkeit eines Saatguts sei mit 95% angegeben. Um zu prüfen, ob dies stimmt, werden vierhundert Körner ausgesät. Von diesen keimen 371 Körner. Dies entspricht 93%. Ist die Herstellerangabe mit einer Irrtumswahrscheinlichkeit α von 1% falsch?
Der Verdacht lautet p < 0,95. Dies ist die Alternativhypothese des Tests:

H_0: p $\geq$ 0,95
H_1: p < 0,95

Der Keimversuch stellt die vierhundertmalige Wiederholung eines Bernoulli-Experiments dar, dessen Erfolgswahrscheinlichkeit laut Hersteller p = 0,95 beträgt. Die Anzahl der tatsächlich keimenden Körner ist folglich eine binomialverteilte Zufallsvariable. Die Verteilungsfunktion F(k) der Binomialverteilung mit n = 400 und p = 0,95 hat für k = 371 den Wert F(371) = 0,031 (Excel: BINOM.VERT(371;400;0,95;WAHR)): Die Wahrscheinlichkeit, dass die Zufallsvariable dann, wenn p = 0,95 ist, einen Wert kleiner gleich 371 annimmt, beträgt 3,1%. Die Nullhypothese ist gemäß Vorgabe aber erst dann zu verwerfen, wenn k in das Intervall derjenigen Werte fällt, die so klein sind, dass die Zufallsvariable sie unter der Voraussetzung p = 0,95 mit weniger als α = 1% Wahrscheinlichkeit annimmt. Daher wird die Nullhypothese beibehalten: Das Versuchsergebnis spricht nicht gegen die Annahme, dass die Keimfähigkeit des Saatguts 95% oder mehr beträgt.
Der Test wird wie folgt notiert:

H_0: p $\geq$ 0,95
H_1: p < 0,95
α = 0,01

k = 371
F(371) = 0,031
$\geq \alpha$
mit F: Verteilungsfunktion der Binomialverteilung mit n = 400 und p = 0,95
$\Rightarrow H_0$ wird beibehalten.

Verwenden Sie die Binomialverteilung, um die Aufgaben A.5 c) und A.7 im Anhang zu lösen!

4   Stetige Zufallsvariablen

Physikalische Messgrößen sind typischerweise stetige Zufallsvariablen, seien es die Basisgrößen wie Länge, Zeit und Masse oder aus diesen abgeleitete Größen wie die Geschwindigkeit (Länge / Zeit) oder die Kraft (Masse · Länge / Zeit^2). Eine stetige Zufallsvariable kann, zumindest innerhalb eines gewissen Bereiches, jeden beliebigen reellen Wert annehmen.

In der Beschreibung stetiger und diskreter Zufallsvariablen gibt es grundsätzliche Gemeinsamkeiten. Bereits eingeführte Begriffe wie Erwartungswert und Verteilungsfunktion werden auch im Zusammenhang mit stetigen Zufallsvariablen verwendet. Im Detail aber gibt es wesentliche Unterschiede. So lassen sich beispielsweise statistische Tests für diskrete Zufallsvariablen nicht auf stetige Zufallsvariablen anwenden und umgekehrt. Sind die Werte einer Zufallsvariablen zu analysieren, so muss die erste Überlegung daher darin bestehen, ob es sich um eine diskrete oder stetige Variable handelt. Erst dann kann das geeignete Verfahren ausgewählt werden.

4.1   Vom Histogramm zur Wahrscheinlichkeitsdichte

4.1.1   Häufigkeitsverteilungen und Histogramme

Ein typisches Beispiel für eine stetige Zufallsvariable ist die Körpergröße. Nachfolgend soll die mittlere Körpergröße der männlichen Studierenden in Deutschland bestimmt werden. Aus zwei Gründen wird sich dieser Wert, der Erwartungswert der Zufallsvariablen Körpergröße, immer nur näherungsweise, jedoch niemals exakt angeben lassen:

- In Deutschland gibt es etwa eine Millionen männliche Studierende. Sie alle zu erfassen ist unmöglich. Man muss sich daher darauf beschränken, die Körpergröße einiger weniger Studierender zu messen, das heißt eine **Stichprobe** aus der **Grundgesamtheit** der männlichen Studierenden zu analysieren. Aufgrund genetischer Veranlagung und vielfältiger Umwelteinflüsse unterscheidet sich die Körpergröße jedoch zufällig von Studierendem zu Studierendem. Je nachdem, welche Stu-

Beispiel Körpergröße

dierenden sich in der Stichprobe befinden, wird man daher voneinander abweichende Resultate erhalten.

• Dazu kommt, dass bei der Messung einer stetigen Zufallsvariablen zufällige Messfehler auftreten. Diese beruhen auf schwankenden Umgebungsbedingungen während der Messung, Unzulänglichkeiten des Maßstabs (zum Beispiel einer zu groben Skala) und Ablesefehlern. Üblicherweise wird sich die Körpergröße bei jeder Messung daher nur auf etwa einen Zentimeter genau bestimmen lassen.

Tabelle 13 zeigt das Ergebnis von fünfzehn Messungen.

Tab. 13: Fünfzehn Messwerte der Körpergröße X männlicher Studierender.	
Messung Nr.	Messwert (m)
1	1,86
2	1,77
3	1,78
4	1,88
5	1,93
6	1,82
7	1,73
8	1,70
9	1,68
10	1,76
11	1,80
12	1,84
13	1,83
14	1,74
15	1,79

Die Messwerte variieren zwar zufällig, sollten jedoch vorwiegend in der Nähe des gesuchten Erwartungswertes liegen. Um zu überprüfen, ob und wo eine solche Häufung von Messwerten auftritt, wird der Wertebereich der Zufallsvariablen in Intervalle unterteilt. Anschließend wird bestimmt, wie viele der Messwerte in jedes dieser Intervalle fallen. Die Zahlenwerte, die man auf diese Weise erhält, bezeichnet man als die **absolute Häufigkeit** der Messwerte in den Intervallen. Man spricht auch davon, dass eine **(empirische) Häufigkeitsverteilung** bestimmt wird.

Definition absolute Häufigkeit

Tabelle 14 zeigt die Häufigkeitsverteilung der Messwerte aus Tabelle 13 in Intervallen von 5 cm Breite.

Tab. 14: Häufigkeitsverteilung der Messwerte aus Tabelle 13.	
Intervall (m)	**Anzahl Messwerte**
] 1,60; 1,65]	0
] 1,65; 1,70]	2
] 1,70; 1,75]	2
] 1,75; 1,80]	5
] 1,80; 1,85]	3
] 1,85; 1,90]	2
] 1,90; 1,95]	1
] 1,95; 2,00]	0

Leichter zu interpretieren wird der Inhalt der Tabelle, wenn man ihn in ein Diagramm umsetzt. Eine solche grafische Darstellung einer Häufigkeitsverteilung wird als **Histogramm** bezeichnet. Abbildung 7 zeigt das Histogramm für die fünfzehn Messwerte aus Tabelle 13 bei der vorgegebenen Intervallbreite von 5 cm. Im Allgemeinen werden die Säulen über den Intervallen in einem Histogramm so gezeichnet, dass ihre Fläche der Häufigkeit proportional ist. Sind alle Intervalle wie in dieser und den folgenden Abbildungen gleich breit, so kann die Häufigkeit folglich aus der Höhe der Säulen abgelesen werden.

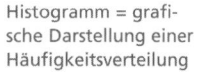

Histogramm = grafische Darstellung einer Häufigkeitsverteilung

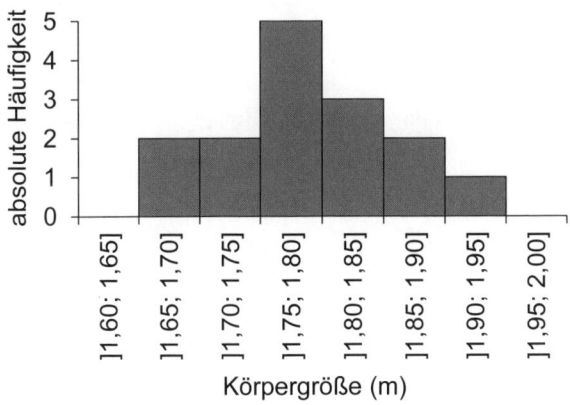

Abb. 7:
Histogramm der Messwerte aus Tabelle 13 mit einer Intervallbreite von 5 cm.

Die meisten Messwerte fallen in das Intervall von 1,75 m bis 1,80 m. Es ist daher zu vermuten, dass der gesuchte Erwartungswert der Körpergröße ebenfalls in diesem Bereich liegen wird. Um eine genauere Aussage machen zu können, muss die Intervallbreite verringert werden. Bei geringerer Breite werden aber die Besetzungszahlen der Intervalle kleiner. Bei einer Breite von 2 cm beispielsweise ist keine charakteristische Struktur der Häufigkeitsverteilung mehr erkennbar (Abb. 8).

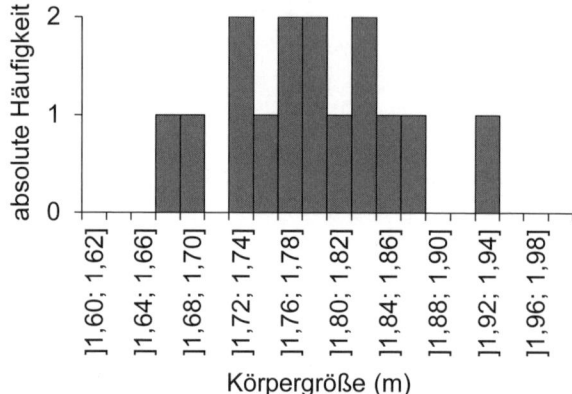

Um die Besetzung der Intervalle zu erhöhen, müssen mehr Messwerte erfasst werden. Dazu wird der vorliegende Datensatz um fünfzehn weitere Messungen ergänzt (Tab. 15).

Tab. 15: Dreißig Messwerte der Körpergröße X männlicher Studierender.

Messung Nr.	Messwert (m)	Messung Nr.	Messwert (m)
1	1,86	16	1,77
2	1,77	17	1,71
3	1,78	18	1,83
4	1,88	19	1,85
5	1,93	20	1,76
6	1,82	21	1,61
7	1,73	22	1,72
8	1,70	23	1,87
9	1,68	24	1,80
10	1,76	25	1,66
11	1,80	26	1,75
12	1,84	27	1,79
13	1,83	28	1,92
14	1,74	29	1,78
15	1,79	30	1,82

Mit den dreißig Messwerten gewinnt man jetzt auch schon bei einer Intervallbreite von 2 cm einen recht genauen Eindruck von der Form der Häufigkeitsverteilung und der Lage ihres Maximums (Abb. 9).

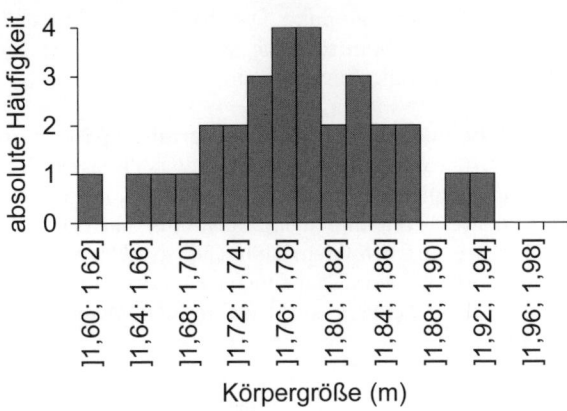

Abb. 9:
Histogramm der Messwerte aus Tabelle 15 mit einer Intervallbreite von 2 cm.

Statt der absoluten Häufigkeit der Messwerte – der Anzahl der Messwerte pro Intervall – kann auch die **relative Häufigkeit** dargestellt werden (Abb. 10). Die relative Häufigkeit ergibt sich, wenn man die absolute Häufigkeit in jedem Intervall durch die Gesamtzahl der Messwerte dividiert:

Definition relative Häufigkeit

$$\text{relative Häufigkeit} = \frac{\text{absolute Häufigkeit}}{\text{Gesamtzahl der Messwerte}} \qquad (28)$$

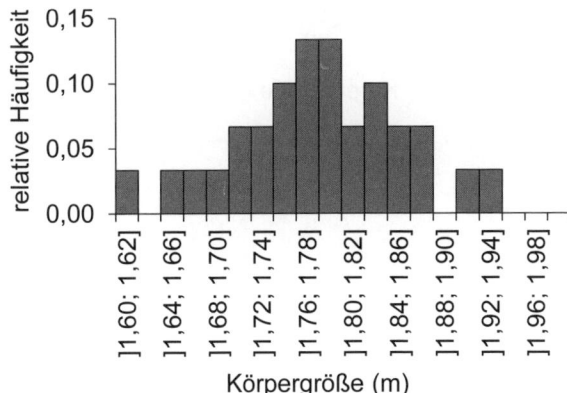

Abb. 10:
Relative Häufigkeit.

Im vorliegenden Beispiel liegen acht der dreißig beziehungsweise etwas mehr als ein Viertel der Messwerte im Intervall von 1,76 m bis 1,80 m. Wenn weitere Messungen durchgeführt werden, so wird man erwarten, dass wiederum etwas mehr als ein Viertel der Messwerte in diesem

relative Häufigkeit = Näherungswert für die Wahrscheinlichkeit, mit der die Zufallsvariable Werte in bestimmten Intervallen annimmt

Bereich liegen wird. Ein Vergleich mit Abbildung 10 zeigt, dass dem die Summe 0,26 der relativen Häufigkeit in den Intervallen]1,76 m; 1,78 m] und]1,78 m; 1,80 m] entspricht. Auf Basis der Messungen kann man also schätzen, mit welcher Wahrscheinlichkeit die Zufallsvariable X Werte in bestimmten Intervallen annimmt. Die relative Häufigkeit stellt einen Näherungswert für diese Wahrscheinlichkeit dar, der umso genauer wird, je mehr Messungen durchgeführt werden.

4.1.2 Wahrscheinlichkeitsdichte- und Verteilungsfunktion

Übergang vom Histogramm zur Darstellung einer Wahrscheinlichkeitsdichtefunktion

Je mehr Messwerte vorliegen, desto kleinere Intervalle lassen sich bei der Bestimmung der empirischen Häufigkeitsverteilung vorgeben, ohne dass die Anzahl der Messwerte in den einzelnen Intervallen zu gering wird (Abb. 11). Im theoretischen Grenzfall unendlich vieler Messwerte lassen sich beliebig kleine Intervalle definieren. Das Histogramm geht dann über in die Darstellung einer stetigen **Wahrscheinlichkeitsdichtefunktion** (Abb. 12).

Abb. 11:
Histogramm für 100 Messwerte bei einer Intervallbreite von 1 cm.

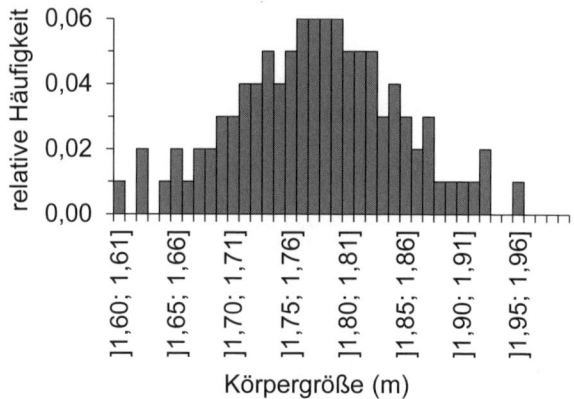

Abb. 12:
Wahrscheinlichkeitsdichtefunktion.

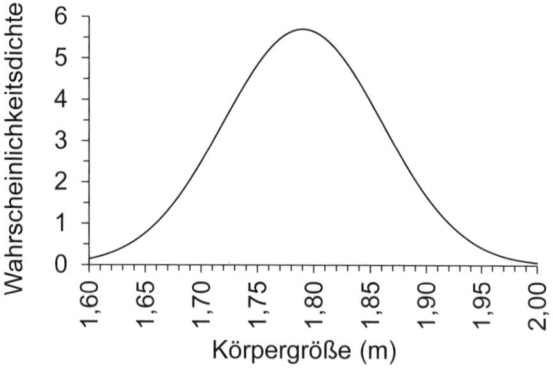

Dieser Übergang führt allerdings nicht dazu, dass nun die Wahrscheinlichkeit für einen exakt definierten Wert abgelesen werden könnte! Ein solcher Wert würde einem Intervall der Breite Null entsprechen. Die Wahrscheinlichkeit dafür, dass ein Messwert in ein Intervall der Breite Null fällt, ist aber ebenfalls Null. Eine Wahrscheinlichkeit größer Null ergibt sich nur dann, wenn man die Funktion über ein Intervall integriert, dessen Breite größer als Null ist. Dies ist der Grund dafür, dass man von der Wahrscheinlichkeits*dichte* und einer Wahrscheinlichkeits*dichte*funktion spricht und nicht, wie im Fall diskreter Zufallsvariablen (Abschnitt 3.1), von einer Wahrscheinlichkeitsfunktion.

> Die Berechnung einer Wahrscheinlichkeit erfordert eine Integration der Wahrscheinlichkeitsdichtefunktion.

Die Wahrscheinlichkeit, dass ein Wert der Zufallsvariablen X in das Intervall [a, b] fällt, errechnet sich somit als

$$P(a \leq X \leq b) = \int_b^a f(x)\, dx \qquad (29)$$

wobei $f(x)$ die Wahrscheinlichkeitsdichtefunktion der Zufallsvariablen ist. Man bezeichnet $P(a \leq X \leq b)$ auch als die **statistische Sicherheit** dafür, dass ein Messwert x in das Intervall [a; b] fällt. Sie entspricht der Fläche unter der Wahrscheinlichkeitsdichtefunktion $f(x)$ zwischen a und b (Abb. 13).

> Wahrscheinlichkeit = Fläche unter der Wahrscheinlichkeitsdichtefunktion

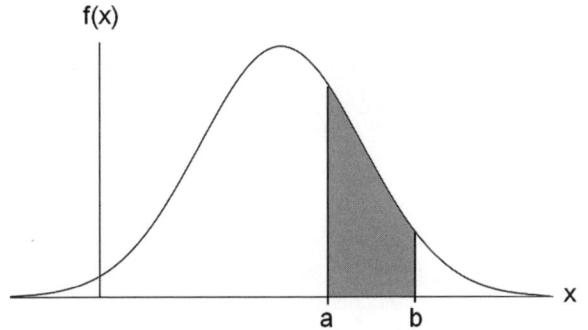

> Abb. 13:
> $P(a \leq X \leq b)$.

Das Integral über die Wahrscheinlichkeitsdichtefunktion von $-\infty$ bis $+\infty$ gibt die Wahrscheinlichkeit dafür an, dass die Zufallsvariable irgendeinen Wert annimmt (Abb. 14). Diese Wahrscheinlichkeit aber beträgt 1. Es gilt also

> Normierungsbedingung für Wahrscheinlichkeitsdichtefunktionen

$$\int_{-\infty}^{+\infty} f(x)\, dx = 1 \qquad (30)$$

Diese so genannte **Normierungsbedingung** muss jede Wahrscheinlichkeitsdichtefunktion erfüllen. Die analoge Bedingung für diskrete Zufallsvariablen wurde bereits im Abschnitt 3.1 vorgestellt.

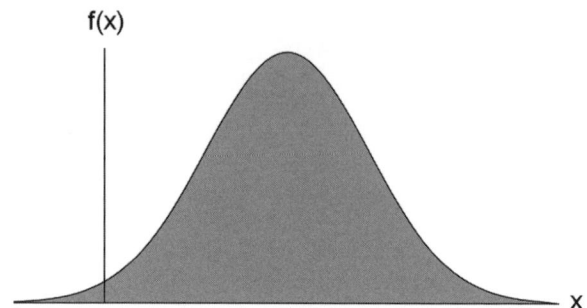

Die Wahrscheinlichkeit dafür, dass ein Wert der Zufallsvariablen X außerhalb des Intervalls [a, b] liegt, ergibt sich mithilfe der Normierungsbedingung als

$$P(X \leq a \text{ oder } X \geq b) = 1 - P(a \leq X \leq b) \tag{31}$$

Warum dies so ist, lässt sich Abb. 15 entnehmen. Es müssen lediglich die entsprechenden Flächen unter der Wahrscheinlichkeitsdichtefunktion betrachtet werden.

Abb. 15:
$P(X \leq a \text{ oder } X \geq b) =$
$1 - P(a \leq X \leq b).$

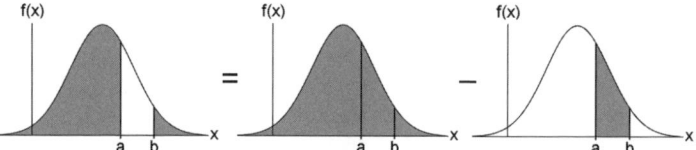

Eine Anmerkung an dieser Stelle zu der Verwendung der Zeichen <, ≤, > und ≥: Auf den ersten Blick könnte Gleichung 31 falsch erscheinen. Mit $P(a \leq X \leq b)$ wird in Gleichung 31 von 1 auch die Wahrscheinlichkeit dafür subtrahiert, dass der Wert der Zufallsvariablen gleich a oder gleich b ist. Müsste dann auf der linken Seite der Gleichung nicht $P(X < a \text{ oder } X > b)$ stehen? Die Antwort ist im Prinzip schon früher in diesem Abschnitt gegeben worden: Die Wahrscheinlichkeit dafür, dass eine stetige Zufallsvariable einen exakten Wert annimmt, ist Null: $P(X = a) = P(X = b) = 0$. Ob das Resultat der Subtraktion mit $P(X < a \text{ oder } X > b)$ oder als $P(X \leq a \text{ oder } X \geq b)$ bezeichnet wird, ist daher gleich.

Die Wahrscheinlichkeit dafür, dass ein Wert der Zufallsvariablen X kleiner gleich einem Wert x_0 ist (Abb. 16), beträgt:

$$P(X \leq x_0) = \int_{-\infty}^{x_0} f(x) \, dx \tag{32}$$

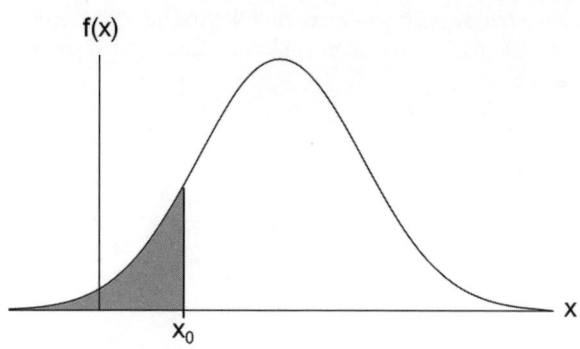

Der Wert x_0 wird durch die Zufallsvariable also mit der Wahrscheinlich-keit $\gamma = P(X \leq x_0)$ unterschritten. Er wird als das **γ-Quantil** der Wahr-scheinlichkeitsdichtefunktion bezeichnet ($0 < \gamma < 1$). Wird γ in Prozent angegeben, spricht man von einem **Perzentil**. Beispiele:

Quantile

- Das 0,25-Quantil $Q_{0,25}$ wird auch als das 25%-Perzentil oder als das **untere Quartil** der Zufallsvariablen bezeichnet.
- Das 0,5-Quantil $Q_{0,5}$ (Abb. 17) wird auch als das 50%-Perzentil oder als der **Median** der Zufallsvariablen bezeichnet. Der Median ist der-jenige Wert der Zufallsvariablen, der mit je 50% Wahrscheinlichkeit unter- oder überschritten wird.
- Das 0,75-Quantil $Q_{0,75}$ wird auch als das 75%-Perzentil oder als das **obere Quartil** der Zufallsvariablen bezeichnet.

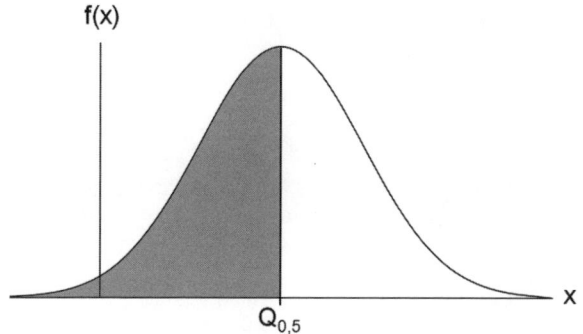

Die Bestimmung von Quantilen ist von entscheidender Bedeutung bei allen nachfolgend vorgestellten statistischen Tests! Erläuterungen zur Berechnung von Quantilen mit Excel finden sich im Anhang C. Außer-dem enthält Anhang D Tabellen von Quantilen der in diesem Buch ver-wendeten Wahrscheinlichkeitsverteilungen.

Durch Gleichung 32 wird die Verteilungsfunktion F definiert.

Durch Gleichung 32 wird jedem x_0 eine Wahrscheinlichkeit $P(X \leq x_0)$ zugeordnet. $P(X \leq x_0)$ ist also eine Funktion von x_0. Daher schreibt man abkürzend auch

$$P(X \leq x_0) = F(x_0) \tag{33}$$

Abb. 18:
Wahrscheinlichkeitsdichte- und Verteilungsfunktion.

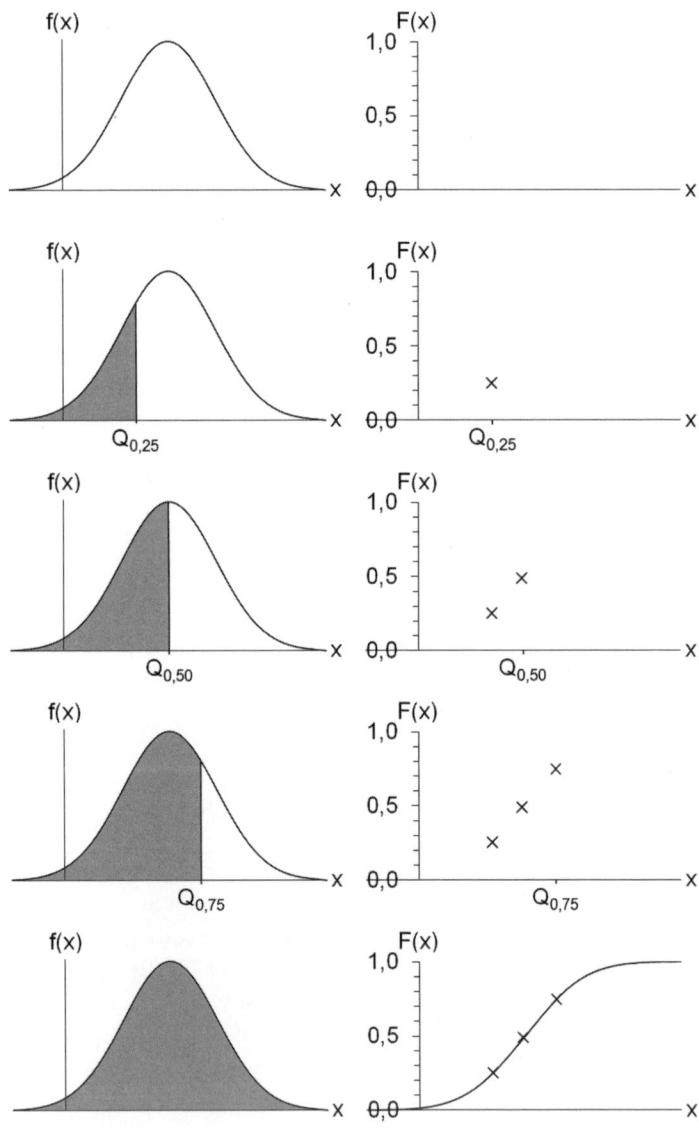

Im Folgenden wird der Index 0 der Einfachheit halber weggelassen. Die Funktion F(x) wird als **Verteilungsfunktion** der Zufallsvariablen X bezeichnet. Es ist zum Beispiel

- $\lim\limits_{x \to -\infty} F(x) = 0$

- $F(Q_{0,25}) = 0{,}25$

- $F(Q_{0,5}) = 0{,}5$

- $F(Q_{0,75}) = 0{,}75$

- $\lim\limits_{x \to \infty} F(x) = 1$

Abb. 18 zeigt von oben nach unten die entsprechenden Flächen unter der Wahrscheinlichkeitsdichtefunktion f(x). Rechts daneben werden die zugehörigen Werte der Verteilungsfunktion F(x) in ein Diagramm eingetragen, um den Verlauf dieser Funktion zu konstruieren. Charakteristisch für den Verlauf der Verteilungsfunktion ist, dass sie sich für x→–∞ asymptotisch der 0 und für x→+∞ asymptotisch der 1 annähert:

$$\lim\limits_{x \to -\infty} F(x) = 0, \; \lim\limits_{x \to +\infty} F(x) = 1$$

Die Verteilungsfunktion F(x) ist in der Statistik von besonderer Bedeutung. Grund dafür ist, dass die Berechnung von Integralen der Wahrscheinlichkeitsdichtefunktion f(x) sehr aufwendig werden kann. Will man die Wahrscheinlichkeit für das Auftreten von Werten der Zufallsvariablen X in bestimmten Intervallen ermitteln, so greift man stattdessen üblicherweise auf tabellierte Werte der zugehörigen Verteilungsfunktion zurück oder verwendet vordefinierte Funktionen von Tabellenkalkulations- oder Statistikprogrammen, die diese Werte errechnen. Die Wahrscheinlichkeit dafür, dass die Zufallsvariable einen Wert im Intervall [a; b] annimmt, ergibt sich mithilfe der Verteilungsfunktion nämlich ganz einfach als

Berechnung einer Wahrscheinlichkeit mithilfe der Verteilungsfunktion

$$P(a \le X \le b) = F(b) - F(a) \qquad (34)$$

Abbildung 19 zeigt, wie diese Beziehung zu Stande kommt.

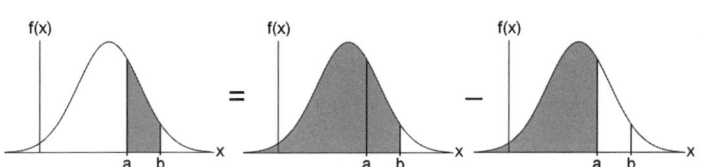

Abb. 19:
$P(a \le X \le b) = F(b) - F(a).$

Aus einer grafischen Darstellung der Verteilungsfunktion lassen sich die Werte F(a) und F(b) wie in Abbildung 20 dargestellt ablesen.

Abb. 20:
Bestimmung von
P(a ≤ X ≤ b) aus der
Verteilungsfunktion.

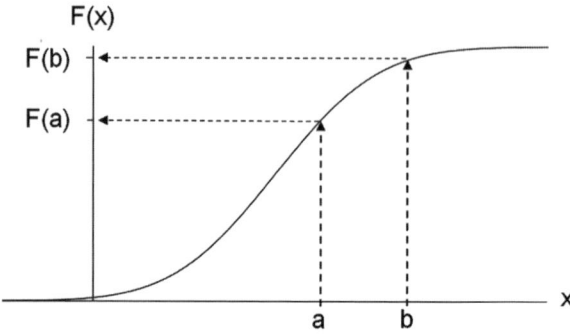

Übungsaufgabe

Bearbeiten Sie zur Übung Aufgabe B.1 im Anhang!

4.2 Charakterisierung einer normalverteilten Zufallsvariablen

4.2.1 Die Normalverteilung

Im Beispiel der Körpergrößenmessung (Abschnitt 4.1.1) ist die Wahrscheinlichkeitsdichtefunktion diejenige der **Normalverteilung**:

$$f(x) = \frac{1}{\sqrt{2\pi}\,\sigma} \exp\left[-\frac{(x - \mu)^2}{2\sigma^2}\right]$$

(35)

Die Normalverteilung hat zwei Parameter:
- Der **Mittelwert** μ gibt an, wo das Maximum der Funktion liegt.
- Die **Standardabweichung** σ bestimmt die Breite der Verteilung. Sie ist gleich dem Abstand des Mittelwerts von den beiden Wendepunkten auf den Flanken der Funktionskurve (Abb. 21).

Abb. 21:
Die Normalver
teilung.

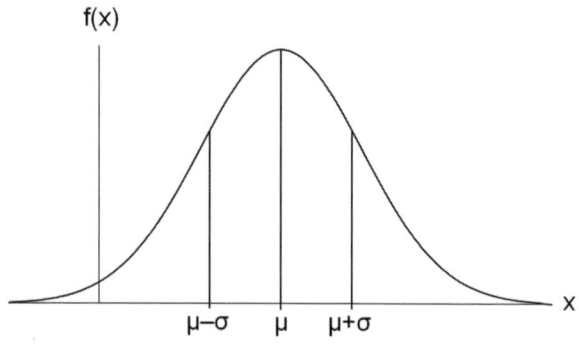

Einen Spezialfall der Normalverteilung stellt die **Standardnormalverteilung** dar. Es handelt sich dabei um die Normalverteilung mit dem Mittelwert 0 und der Standardabweichung 1. Im Anhang B findet sich eine Tabelle mit Werten ihrer Verteilungsfunktion. Die dort gestellten Aufgaben B.2 bis B.4 sollten Sie bearbeiten, um den Umgang mit tabellierten Werten einer Verteilungsfunktion zu üben.

Ausgangspunkt der Überlegungen im Abschnitt 4.1 war die Aufgabe, den Erwartungswert einer stetigen Zufallsvariablen aus einer begrenzten Zahl fehlerbehafteter Messwerte abzuleiten. Das Histogramm sollte bei geeigneter Wahl der Intervallbreite ein Maximum zeigen, das in der Nähe des Erwartungswertes liegt.

Die Wahrscheinlichkeitsdichtefunktion ergab sich aus dem Histogramm im Grenzfall unendlich vieler Messwerte und verschwindend kleiner Intervalle. Eine Steigerung der Messgenauigkeit über diesen Grenzfall hinaus ist nicht möglich. Daraus aber lässt sich folgern, dass der Mittelwert beziehungsweise das Maximum der Normalverteilung nicht nur in der Nähe des Erwartungswertes liegt, sondern gleich dem gesuchten Erwartungswert ist! Gelingt es, zu einem Satz von Messwerten die Wahrscheinlichkeitsdichtefunktion und ihre Parameter zu bestimmen, so hat man dadurch auch den gesuchten Erwartungswert ermittelt.

Eine wesentliche Aufgabe der Statistik besteht daher darin zu analysieren, durch welche Wahrscheinlichkeitsverteilung sich das Verhalten einer Zufallsvariablen beschreiben lässt und welche Werte die Parameter dieser Verteilung besitzen. Die Normalverteilung ist dabei besonders wichtig. Warum dies so ist, wird durch den so genannten **Zentralen Grenzwertsatz** der Wahrscheinlichkeitsrechnung begründet. Dieser besagt:

Setzt sich eine Zufallsvariable additiv aus einer großen Zahl beliebig verteilter, stochastisch unabhängiger Zufallsvariablen zusammen, so ist sie selber näherungsweise normalverteilt.

Messwerte stellen in der Regel Zufallsvariablen dar, die vielfältigen Einflüssen unterliegen. Im Beispiel der Körpergröße sind dies genetische Veranlagung, Umwelteinflüsse wie Ernährung und Erkrankungen sowie zufällige Messfehler. In solchen Messwerten vereinigen sich also additiv zahlreiche Störgrößen, die ihrerseits Zufallsvariablen darstellen. Nach dem Grenzwertsatz sind die Messwerte dann näherungsweise normalverteilt. In sehr vielen Fällen kann daher davon ausgegangen werden, dass die Wahrscheinlichkeitsdichtefunktion, der die Messwerte folgen, die Normalverteilung ist. Ob diese Annahme plausibel ist, kann im Zweifelsfall zumindest grob mithilfe eines Histogramms abgeschätzt werden. Ein statistischer Test, der dazu geeignet ist, diese Frage genauer zu beantworten, wird im Abschnitt 4.5 vorgestellt.

Standardnormalverteilung = Normalverteilung mit dem Mittelwert 0 und der Standardabweichung 1

Übungsaufgaben

Mittelwert der Normalverteilung = Erwartungswert der normalverteilten Zufallsvariablen

4.2.2 Statistische Sicherheit und t-Faktor

Die Wahrscheinlichkeit beziehungsweise **statistische Sicherheit** dafür, dass der Wert einer Zufallsvariablen X in das Intervall [a; b] fällt, berechnet sich gemäß Gleichung 29. Im Fall der Normalverteilung ergibt sich beispielsweise die Wahrscheinlichkeit dafür, einen Messwert x im Intervall von $\mu-\sigma$ bis $\mu+\sigma$ zu finden, als

$$P(\mu-\sigma \leq X \leq \mu+\sigma) = \int_{\mu-\sigma}^{\mu+\sigma} f(x)\, dx$$

$$= \frac{1}{\sqrt{2\pi}\,\sigma} \int_{\mu-\sigma}^{\mu+\sigma} \exp\left[-\frac{(x-\mu)^2}{2\sigma^2}\right] dx$$

$$\approx 68{,}3\%$$

Das Integral lässt sich nicht exakt berechnen; stattdessen muss ein Näherungsverfahren angewendet werden (Potenzreihenentwicklung des Integranden). Das Ergebnis aber gilt unabhängig davon, welchen Wert μ und σ haben: Die Wahrscheinlichkeit dafür, dass der Wert einer normalverteilten Zufallsvariablen im Intervall [$\mu-\sigma$; $\mu+\sigma$] liegt, beträgt rund 68,3% (Abb. 22).

Abb. 22:
P($\mu-\sigma \leq X \leq \mu+\sigma$).

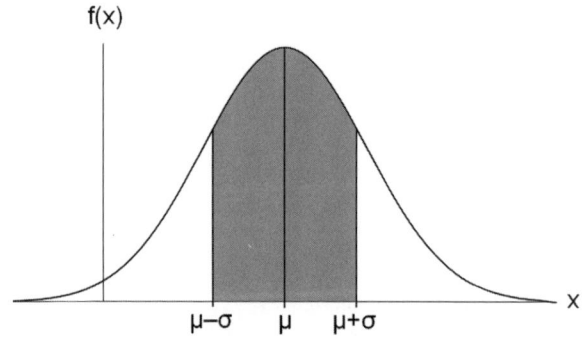

Je breiter das betrachtete Intervall ist, desto größer wird die statistische Sicherheit. So gilt
- $P(\mu-2\sigma \leq x \leq \mu+2\sigma) = 95{,}4\%$
- $P(\mu-3\sigma \leq x \leq \mu+3\sigma) = 99{,}7\%$

empirischer Mittelwert und empirische Standardabweichung = Näherungswerte für Erwartungswert und Standardabweichung

In der Praxis sind Mittelwert beziehungsweise Erwartungswert μ und Standardabweichung σ allerdings nicht bekannt. Aus den vorliegenden Messwerten x_i lassen sich lediglich Näherungswerte $\bar{x}$ und s für μ und σ berechnen:

(empirischer) Mittelwert $\quad \bar{x} = \dfrac{1}{n} \displaystyle\sum_{i=1}^{n} x_i$ $\hfill (36)$

(empirische) Standardabweichung $s = \sqrt{\dfrac{1}{n-1} \displaystyle\sum_{i=1}^{n} (x_i - \bar{x})^2}$ $\hfill (37)$

Manchmal sieht man die Gleichung für die Standardabweichung auch so angegeben, dass die Summe unter der Quadratwurzel nicht durch $n - 1$, sondern durch n dividiert wird. Dies ist nur dann korrekt, wenn $\bar{x} = \mu$ gilt, das heißt wenn der Erwartungswert μ der Zufallsvariablen X bekannt ist. Im Allgemeinen ist das allerdings nicht der Fall, sodass Gleichung 37 zu verwenden ist.

$\bar{x}$ und s werden üblicherweise ebenfalls als Mittelwert und Standardabweichung bezeichnet, obwohl sie eigentlich nur Näherungswerte für diese beiden Größen darstellen. Je mehr Messungen durchgeführt worden sind, desto genauer sind die Näherungswerte. Es gilt

$$\lim_{n\to\infty} \bar{x} = \mu, \quad \lim_{n\to\infty} s = \sigma$$

Oben wurde gezeigt, dass $P(\mu-\sigma \le X \le \mu+\sigma) = 68{,}3\%$ ist. Es lässt sich also vorhersagen, dass weitere Messwerte der normalverteilten Zufallsvariablen mit der Wahrscheinlichkeit von 68,3% in das Intervall $[\mu-\sigma; \mu+\sigma]$ fallen werden. Kennt man statt μ und σ aber nur die Näherungswerte $\bar{x}$ und s, so wird man das Verhalten der Zufallsvariablen nicht so exakt prognostizieren können. „Nicht so exakt" bedeutet aber so viel wie „nur mit geringerer statistischer Sicherheit". Es ist also

$$P(\bar{x}-s \le X \le \bar{x}+s) < P(\mu-\sigma \le X \le \mu+\sigma) \hfill (38)$$

Um eine gleich große statistische Sicherheit γ in der Aussage zu erzielen, muss man das Intervall vergrößern, das heißt statt des Intervalls $[\bar{x}-s; \bar{x}+s]$ ein Intervall $[\bar{x}-t\cdot s; \bar{x}+t\cdot s]$ mit $t > 1$ betrachten. t ist der so genannte **t-Faktor (Studentsche Faktor)**. Der Wert dieses Faktors hängt von der Anzahl n der Messungen und von der angestrebten statistischen Sicherheit ab (Tab. 16).

Tab. 16: Wert des t-Faktors in Abhängigkeit von der Anzahl n der Messwerte und der angestrebten statistischen Sicherheit γ.

n	t-Faktor für eine statistische Sicherheit von			
	68,3%	90,0%	95,0%	99,0%
3	1,32	2,92	4,30	9,92
4	1,20	2,35	3,18	5,84
5	1,14	2,13	2,78	4,60
6	1,11	2,02	2,57	4,03
7	1,09	1,94	2,45	3,71
8	1,08	1,89	2,36	3,50
9	1,07	1,86	2,31	3,36
10	1,06	1,83	2,26	3,25
15	1,04	1,76	2,14	2,98
20	1,03	1,73	2,09	2,86
30	1,02	1,70	2,05	2,76
40	1,01	1,68	2,02	2,71
50	1,01	1,68	2,01	2,68
∞	1,00	1,65	1,96	2,58

Beispiel

Im Fall der Körpergrößenmessung (Tab. 15) ergeben sich $\bar{x}$ = 1,79 m und s = 0,07 m. Es lässt sich damit vorhersagen, dass weitere Messwerte mit 68,3% Wahrscheinlichkeit in das Intervall

$$[1,79 \text{ m} - 1,02 \cdot 0,07 \text{ m}; 1,79 \text{ m} + 1,02 \cdot 0,07 \text{ m}] = [1,72 \text{ m}; 1,86 \text{ m}]$$

und mit 90% Wahrscheinlichkeit in das Intervall

$$[1,79 \text{ m} - 1,70 \cdot 0,07 \text{ m}; 1,79 \text{ m} + 1,70 \cdot 0,07 \text{ m}] = [1,67 \text{ m}; 1,91 \text{ m}]$$

fallen werden.

4.2.3 Konfidenzschätzung für den Erwartungswert

Die Standardabweichung, von der bislang die Rede war, charakterisiert die Unsicherheit in den einzelnen Messwerten. Daher wird sie auch "Standardabweichung der Einzelwerte" genannt.

Die Mühe einer mehrfachen Messung der Zufallsvariablen macht man sich normalerweise, weil man eine möglichst genaue Schätzung für den Erwartungswert der Variablen erhalten möchte. Dazu berechnet man gemäß Gleichung 36 aus den Messwerten x_i den empirischen Mittelwert . Wichtiger noch als eine Angabe zur Unsicherheit in den Einzelwerten ist daher letztlich eine Information darüber, mit welcher Unsicherheit im empirischen Mittelwert $\bar{x}$ zu rechnen ist und wie gut er den gesuchten Erwartungswert µ der Zufallsvariablen X repräsentiert. Dies ist das Thema des vorliegenden Abschnitts.

Wenn die Messwerte x_i Realisierungen einer Zufallsvariablen sind, so ist auch der nach Gleichung 36 bestimmte empirische Mittelwert eine Zufallsvariable. Je nachdem, welche Messwerte sich zufällig in der betrachteten Stichprobe befinden, variiert auch der empirische Mittelwert zufällig. Die Zufallsvariable Mittelwert wird im Folgenden mit $\bar{X}$ bezeichnet.

Zufallsvariable empirischer Mittelwert

Als Beispiel dienen wieder die Messwerte aus Tabelle 15. Der Datensatz wird in fünf Teildatensätze zu je sechs Messwerten zerlegt. In Tabelle 17 ist für jeden Teildatensatz der Mittelwert angegeben.

Beispiel

Tab. 17: Auswertung unterschiedlicher Sätze von Messwerten aus Tabelle 15.

Messwerte	empirischer Mittelwert (m)
1 bis 6	1,84
7 bis 12	1,75
13 bis 18	1,78
19 bis 24	1,77
25 bis 30	1,79

Der Mittelwert des Mittelwertes beträgt 1,79 m. Er stimmt mit dem Mittelwert der dreißig Einzelmessungen überein. Dies ist ein Hinweis darauf, dass der Erwartungswert des Mittelwertes mit dem Erwartungswert µ der Einzelwerte übereinstimmt. Die Streuung des Mittelwertes aber ist geringer als diejenige der Einzelwerte: Die Standardabweichung der fünf Mittelwerte aus Tabelle 17 beträgt nur 0,03 m, die Standardabweichung der Einzelwerte dagegen 0,07 m. Dies kommt daher, dass sich bei der Mittelwertbildung positive und negative Abweichungen der Messwerte vom Erwartungswert zum Teil kompensieren.

Die **empirische Standardabweichung des Mittelwertes** ist also kleiner als die empirische Standardabweichung s der Einzelwerte. Man erhält sie, indem man s durch die Quadratwurzel aus der Anzahl n der Messwerte teilt:

$$s_{\bar{x}} = \frac{s}{\sqrt{n}} \qquad (39)$$

Die empirische Standardabweichung des Mittelwertes ist ein Näherungswert für die Standardabweichung $\sigma_{\bar{x}}$ des Mittelwertes in der Grundgesamtheit. Um Letztere exakt bestimmen zu können, müsste man Messungen an allen Elementen der Grundgesamtheit vornehmen, diese Messwerte zu

Stichproben zusammenfassen, den empirischen Mittelwert jeder Stichprobe bestimmen und schließlich die Standardabweichung all dieser Mittelwerte berechnen. Dies ist im Allgemeinen nicht möglich.

Doch selbst wenn die Werte von μ und $\sigma_{\bar{x}}$ nicht genau bestimmt werden können, lassen sich über die Zufallsvariable Mittelwert Aussagen machen. Zunächst einmal ist festzuhalten, dass sie normalverteilt ist, denn ihre Werte leiten sich aus den Werten einer normalverteilten Zufallsvariablen ab. Ferner wurde im Abschnitt 4.2.2 bereits erläutert, dass die Wahrscheinlichkeit dafür, dass eine normalverteilte Variable einen Wert im Intervall [Erwartungswert – Standardabweichung; Erwartungswert + Standardabweichung] annimmt, rund 68,3% beträgt. Dies gilt auch für die Zufallsvariable Mittelwert:

$$P(\mu - \sigma_{\bar{x}} \le \overline{X} \le \mu + \sigma_{\bar{x}}) = 68{,}3\%$$

Kennt man statt μ und $\sigma_{\bar{x}}$ nur die Näherungswerte $\bar{x}$ und $s_{\bar{x}}$, so wird man das Verhalten der Zufallsvariablen allerdings nicht so exakt vorhersagen können. Die statistische Sicherheit dafür, dass ein Mittelwert in das Intervall $[\bar{x} - s_{\bar{x}}; \bar{x} + s_{\bar{x}}]$ fällt, ist daher geringer als diejenige dafür, dass er im Intervall $[\mu - \sigma_{\bar{x}}; \mu + \sigma_{\bar{x}}]$ liegt. Eine gleich große Sicherheit γ in der Aussage erzielt man nur für ein größeres Intervall $[\bar{x} - ts_{\bar{x}}; \bar{x} + ts_{\bar{x}}]$ mit $t > 1$. Dabei ist t der schon im vorangehenden Abschnitt eingeführte t-Faktor.

Mithilfe des t-Faktors und der Näherungswerte $\bar{x}$ und $s_{\bar{x}}$ lassen sich nun also Intervalle bestimmen, in welche die Werte der Zufallsvariablen $\overline{X}$ mit der statistischen Sicherheit γ fallen. Die Wahrscheinlichkeit dafür, dass die normalverteilte Zufallsvariable $\overline{X}$ einen Wert in einem Intervall annimmt, entspricht aber der Wahrscheinlichkeit, dass in diesem Intervall der Erwartungswert μ von $\overline{X}$ liegt: Je näher ein Intervall an dem unbekannten Erwartungswert μ liegt, desto mehr Variablenwerte werden in dieses Intervall fallen, je weiter entfernt es von μ liegt, desto weniger Variablenwerte werden es sein. Dies war der Ausgangspunkt der Überlegungen in Abschnitt 4.1. Es gilt daher

$$P(\bar{x} - t \cdot s_{\bar{x}} \le \overline{X} \le \bar{x} + t \cdot s_{\bar{x}}) = P(\bar{x} - t \cdot s_{\bar{x}} \le \mu \le \bar{x} + t \cdot s_{\bar{x}})$$

Der gesuchte Erwartungswert μ befindet sich also mit der statistischen Sicherheit γ in demjenigen Intervall, das durch die Werte $\bar{x} - t \cdot s_{\bar{x}}$ und $\bar{x} + t \cdot s_{\bar{x}}$ begrenzt wird. Man spricht davon, dass ein **Konfidenzintervall** beziehungsweise ein **Vertrauensbereich** für den Erwartungswert bestimmt worden ist.

Konventionen für die Darstellung des Konfidenzintervalls

Diese äußerst wichtige Information wird üblicherweise in der folgenden Form angegeben:

$$\mu = \bar{x} \pm \Delta x \qquad (40)$$

$$\text{mit } \Delta x = t \cdot \frac{s}{\sqrt{n}}$$

Das **Konfidenzniveau** γ wird über die Wahl des t-Faktors beeinflusst. In der Physik wird üblicherweise γ = 68,3% gewählt. In anderen Zusammenhängen sind dagegen höhere Werte wie 95% oder 99% für die statistische Sicherheit üblich. Es muss daher explizit angegeben werden, für welches Konfidenzniveau die Aussage gemacht wird!

Ferner sind folgende formale Vorgaben zu beachten:

1. Werte physikalischer Größen werden immer als Produkt aus einem Zahlenwert und der Einheit der betreffenden Größe angegeben. Die Einheit darf nicht vergessen werden!
2. $\bar{x}$ und Δx sind in derselben Einheit, derselben Zehnerpotenz und mit derselben Genauigkeit anzugeben!
3. Üblicherweise wird die Anzahl der Stellen so gewählt, dass der Fehler in der letzten Stelle liegt.

Betrachten wir wieder die n = 30 Messwerte aus Tabelle 15 für das Merkmal Körpergröße. Empirischer Mittelwert und empirische Standardabweichung sind $\bar{x}$ = 1,79 m und s = 0,07 m. Dann ist das 99%-Konfidenzintervall für den Erwartungswert μ der Körpergröße

Beispiel

$$\mu = \bar{x} \pm t \cdot \frac{s}{\sqrt{n}}$$

$$\mu = 1{,}79 \text{ m} \pm 2{,}76 \cdot \frac{0{,}07 \text{ m}}{\sqrt{30}}$$

$$= 1{,}79 \text{ m} \pm 0{,}04 \text{ m}$$

$$= (1{,}79 \pm 0{,}04) \text{ m}$$

Folgende Angaben sind nicht korrekt:

- μ = 1,79 ± 0,04 m   Einheit des Mittelwerts fehlt
- μ = 1,79 m ± 4 cm   ungleiche Zehnerpotenz für Mittelwert und Intervallbreite (10^0 m und 10^{-2} m)
- μ = 1,79 m ± 0,035 m   unterschiedliche Genauigkeit in der Angabe von $\bar{x}$ und Δx; unrealistisch hohe Zahl von Nachkommastellen in der Angabe von Δx

Δx kann anstatt als Absolutwert auch als Relativwert $\Delta x / \bar{x}$ angegeben werden. So lässt sich das 99%-Konfidenzintervall für den Erwartungswert der Körpergröße auch ausdrücken als

$$\mu = 1{,}79 \text{ m} \pm \frac{0{,}04 \text{ m}}{1{,}79 \text{ m}}$$

$$= 1{,}79 \text{ m} \pm 2\%$$

Beachten Sie bitte die folgenden Hinweise zur Verwendung von Excel:

Hinweise zur Verwendung von Excel

- Der t-Faktor berechnet sich im Tabellenkalkulationsprogramm Excel mithilfe der Funktion TINV oder, ab der Version Excel2010, mit der Funktion T.INV.2S. Beide Funktionen haben zwei Argumente. Erstes

Argument ist $1 - \gamma$. Als zweites Argument ist n – 1, die um 1 reduzierte Anzahl der Messwerte, anzugeben.

- Verwenden Sie für die Konfidenzschätzung nicht die Excel-Funktionen KONFIDENZ oder KONFIDENZ.NORM! Diese liefern nur dann korrekte Werte, wenn die Standardabweichung σ der Grundgesamtheit bekannt ist. In der Regel kann aber nur die empirische Standardabweichung s ermittelt werden. Die damit einhergehende Unsicherheit führt dazu, dass die nach Gleichung 40 berechneten Konfidenzintervalle breiter sind als diejenigen, welche sich mit den genannten Excel-Funktionen ergeben.

4.2.4 Zweiseitiger Parametertest für den Erwartungswert

In diesem Abschnitt wird der erste statistische Test für stetige Zufallsvariablen vorgestellt. Als Beispieldaten dienen Messwerte des Kornabstands bei Einzelkornsaat. Eine Einzelkornsämaschine (Foto 1) legt die Saatkörner einzeln auf die Erde beziehungsweise in die Saatfurchen ab. Die Maschine wird dazu auf einen für den Pflanzenwuchs optimalen Abstand eingestellt, der jedoch, wie sich durch anschließende Messung der Kornabstände auf dem Feld erfassen lässt, nur bedingt eingehalten wird. Der Kornabstand stellt eine stetige, normalverteilte Zufallsvariable dar. In Tabelle 18 sind n = 10 solcher Messwerte aufgeführt. Als Sollwert μ_0 des Kornabstands wurden 12,0 cm eingestellt.

Beispiel Einzelkornsaat

Foto 1:
Teilansicht einer Einzelkornsämaschine.

Tab. 18: Zehn Messwerte des Kornabstands einer Einzelkornsämaschine. Bei einer realen Prüfung der Maschine würde eine wesentlich größere Zahl von Messwerten erhoben.	
Messung Nr.	Messwert (cm)
1	18,6
2	10,1
3	12,9
4	10,6
5	25,9
6	15,4
7	8,6
8	9,1
9	12,0
10	14,6

Der empirische Mittelwert beträgt $\bar{x}$ = 13,8 cm. Nun ist der Mittelwert des gemessenen Kornabstands eine Zufallsvariable $\bar{X}$. Es ist daher zunächst einmal nicht ungewöhnlich, dass $\bar{x}$ vom Sollwert μ_0 abweicht. Für diese Abweichung kommen allerdings zwei grundsätzlich unterschiedliche Erklärungen in Betracht:

• Die Abweichung zwischen $\bar{x}$ und μ_0, die in dieser Stichprobe beobachtet wird, ist nur zufällig aufgetreten.

• Der Erwartungswert μ des Kornabstands, den die Maschine erzeugt, unterscheidet sich vom Sollwert μ_0, das heißt die Maschine arbeitet nicht korrekt.

Der im Folgenden vorgestellte statistische Test erlaubt es zu prüfen, welche der beiden möglichen Erklärungen wahrscheinlicher ist.

Es wird davon ausgegangen, dass $\mu = \mu_0$ ist. Dies ist die Nullhypothese H_0. Falls die Nullhypothese nicht zutrifft, gilt automatisch die Alternativhypothese $\mu \neq \mu_0$. Die Dokumentation des Tests wird mit der Angabe von Null- und Alternativhypothese eingeleitet. Man schreibt kurz:

Null- und Alternativhypothese

$$H_0: \mu = \mu_0$$
$$H_1: \mu \neq \mu_0$$

Ferner muss vorab die statistische Sicherheit γ festgelegt werden, die man erzielen möchte. Üblicherweise wird statt γ die Irrtumswahrscheinlichkeit $\alpha = 1 - \gamma$ angegeben. Zu $\gamma = 68{,}3\%$ beispielsweise gehört $\alpha = 1 - 0{,}683 = 31{,}7\%$. Statistische Tests werden allerdings in der Regel mit einer weit niedrigeren Irrtumswahrscheinlichkeit durchgeführt. Üblich sind je nach

Problemstellung α = 10%, α = 5% oder α = 1%. α kann aber auch noch niedriger angesetzt werden, falls die Folgen einer irrtümlichen Ablehnung der Nullhypothese besonders schwerwiegend sein sollten. Erläuterungen dazu folgen im Abschnitt 4.2.5.

Das Problem liegt nun darin, dass sich statistische Aussagen mit einer bestimmten statistischen Sicherheit nur über solche Zufallsvariablen machen lassen, deren Verteilungsfunktion bekannt ist. Die Parameter der Wahrscheinlichkeitsverteilung von $\overline{X}$, Erwartungswert μ und Standardabweichung $\sigma_{\overline{x}}$, sind aber unbekannt. Die Lösung besteht darin, aus $\overline{X}$ eine neue Zufallsvariable Z mit bekannter Verteilungsfunktion abzuleiten.

Ableitung einer neuen Zufallsvariablen

Nehmen wir an, es sei nicht nur eine, sondern es seien fünf Stichproben von Kornabständen genommen worden. Die Mittelwerte dieser Stichproben sind in Tabelle 19 aufgeführt.

Tab. 19: Empirische Mittelwerte von fünf Stichproben von Kornabständen.	
Stichprobe Nr.	$\overline{x}$ (cm)
1	11,7
2	13,2
3	10,1
4	13,8
5	11,2
Mittelwert	12,0
Standardabweichung	1,5

Für die folgenden Berechnungen werden nun zunächst zwei Voraussetzungen gemacht:
• Die Nullhypothese gilt: $\mu = \mu_0$ = 12,0 cm.
• Die Standardabweichung $\sigma_{\overline{x}}$ der Zufallsvariablen $\overline{X}$ ist bekannt und beträgt 1,5 cm.

Das Beispiel in Tabelle 19 ist speziell so gewählt, dass der empirische Mittelwert $\overline{x}$ und die empirische Standardabweichung $s_{\overline{x}}$ der fünf Stichprobenmittelwerte gerade mit μ_0 und $\sigma_{\overline{x}}$ übereinstimmen. Da $\overline{X}$ eine Zufallsvariable ist, wird man dies in der Praxis nur selten beobachten können. Bei einer großen Anzahl von Messwerten sollte aber zumindest $\overline{x} \approx \mu_0$ und $s_{\overline{x}} \approx \sigma_{\overline{x}}$ gelten. Abbildung 23 zeigt die zugehörige Wahrscheinlichkeitsdichtefunktion von $\overline{X}$.

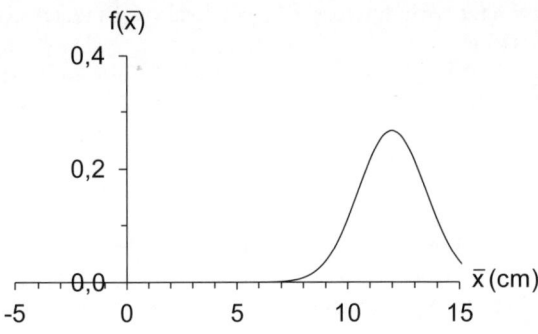

Aus $\overline{X}$ wird jetzt die neue Zufallsvariable $\overline{X} - \mu_0$ gebildet, das heißt von allen Stichprobenmittelwerten werden 12,0 cm subtrahiert. Das Ergebnis zeigt Tabelle 20.

Tab. 20: Werte der neuen Zufallsvariablen $\overline{X} - \mu_0$.	
Stichprobe Nr.	**$\overline{x} - \mu_0$ (cm)**
1	−0,3
2	1,2
3	−1,9
4	1,8
5	−0,8
Mittelwert	0,0
Standardabweichung	1,5

Die neue Zufallsvariable hat den Mittelwert 0,0 cm. Die Standardabweichung hat sich dagegen nicht geändert. Sie beträgt weiterhin 1,5 cm. Die Wahrscheinlichkeitsdichtefunktion von $\overline{X} - \mu_0$ ist in Abbildung 24 dargestellt.

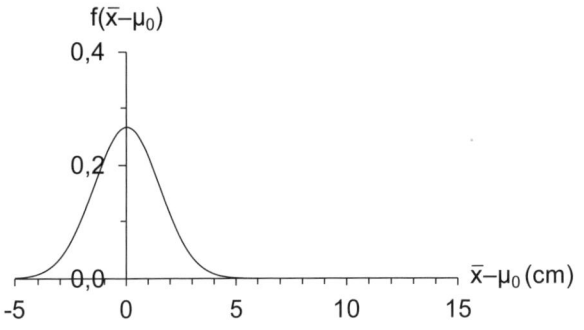

Abschließend wird jetzt noch durch $\sigma_{\bar{x}} = 1{,}5$ cm dividiert. Es ergibt sich die neue Zufallsvariable

$$Z = \frac{\overline{X} - \mu_0}{\sigma_{\bar{x}}}$$

$$= \frac{\overline{X} - \mu_0}{\sigma/\sqrt{n}} \tag{41}$$

Diese Umrechnung wird auch als die **Z-Transformation** der Zufallsvariablen $\overline{X}$ bezeichnet. Die Werte der Zufallsvariablen Z sind in Tabelle 21 aufgeführt. Abbildung 25 zeigt die zugehörige Wahrscheinlichkeitsdichtefunktion.

Tab. 21: Werte der Zufallsvariablen Z.	
Stichprobe Nr.	**z**
1	−0,20
2	0,80
3	−1,27
4	1,20
5	−0,53
Mittelwert	0,00
Standardabweichung	1,00

Abb. 25:
Wahrscheinlichkeits-
dichtefunktion der
Zufallsvariablen Z.

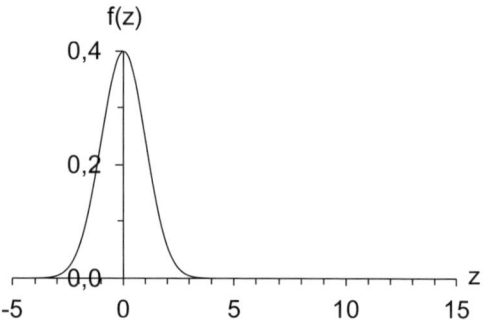

Diese Funktion ist nun aber wohlbekannt. Es handelt sich um die Wahrscheinlichkeitsdichtefunktion der Standardnormalverteilung, das heißt der Normalverteilung mit dem Mittelwert 0 und der Standardabweichung 1. Falls die Nullhypothese zutrifft (aber auch nur dann!), ist die nach Gleichung 41 ermittelte Zufallsvariable Z also standardnormalverteilt. Die Wahrscheinlichkeit, mit der eine standardnormalverteilte Zufallsvariable Werte in bestimmten Intervallen annimmt, lässt sich aber berech-

Falls die Nullhypothese zutrifft, hat die neue Zufallsvariable eine bekannte Verteilungsfunktion.

nen. Man ist damit in der Lage zu beschreiben, wie sich die Zufallsvariable Z verhalten müsste, falls die Nullhypothese zutrifft. Falls Z ein davon in auffälliger Weise abweichendes Verhalten zeigt, so ist dies umgekehrt Anlass, die Gültigkeit der Nullhypothese anzuzweifeln. Indem man die untersuchte Zufallsvariable – im vorliegenden Beispiel $\overline{X}$ – in geeigneter Weise transformiert, erhält man also die Möglichkeit, die Gültigkeit der Nullhypothese zu prüfen. Dies ist ein Grundprinzip statistischer Tests.

Bei der Prüfung der Nullhypothese $\mu = \mu_0$ ist nun noch zu beachten, dass σ in der Regel nicht bekannt ist und bei der Variablentransformation durch die empirische Standardabweichung S ersetzt werden muss. Es ergibt sich statt Z die Zufallsvariable

$$T = \frac{\overline{X} - \mu_0}{S/\sqrt{n}} \qquad (42)$$

Die Verwendung der empirischen Standardabweichung S bringt eine zusätzliche Unsicherheit mit sich. Aussagen zu T weisen darum eine geringere statistische Sicherheit auf als solche zu Z:

$$P(a \leq T \leq b) < P(a \leq Z \leq b)$$

Während also beispielsweise $P(-1 \leq Z \leq 1) = 68,3\%$ ist, ist $P(-1 \leq T \leq 1)$ < 68,3%. Die Wahrscheinlichkeit entspricht einer Fläche unter der Wahrscheinlichkeitsdichtefunktion. Wenn die Fläche zwischen den Grenzen −1 und 1 im Fall der Zufallsvariablen T kleiner als 0,683 ist, so kann das nur bedeuten, dass die Wahrscheinlichkeitsdichtefunktion zu T flacher verläuft als diejenige der standardnormalverteilten Zufallsvariablen Z. Es handelt sich dabei um die Wahrscheinlichkeitsdichtefunktion der so genannten **t-Verteilung** (Abb. 26). Diese hat im Gegensatz zur Normalverteilung nur einen Parameter, den so genannten Freiheitsgrad $f = n - 1$ (n: Anzahl der Messwerte).

t-Verteilung

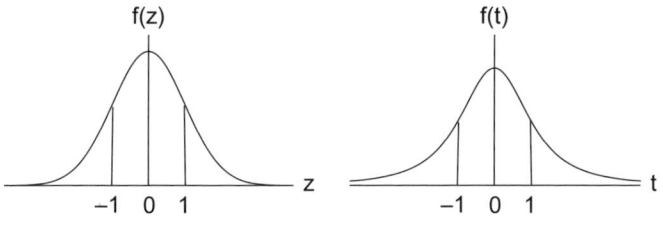

Abb. 26:
Standardnormal- und t-Verteilung.

Damit lässt sich nun testen, ob etwas gegen die Annahme spricht, dass die untersuchte Einzelkornsämaschine den Sollwert μ_0 von 12,0 cm einhält. Aus den Messwerten der Tabelle 18 lässt sich genau ein Wert der Zufallsvariablen T berechnen. Er wird mit t bezeichnet.

$$H_0: \mu = \mu_0$$
$$H_1: \mu \neq \mu_0$$
$$\alpha = 0,10$$

$$t = \frac{\bar{x} - \mu_0}{s/\sqrt{n}}$$

$$= \frac{13,8 \text{ cm} - 12,0 \text{ cm}}{5,3 \text{ cm} /\sqrt{10}}$$

$$= 1,1$$

Falls die Nullhypothese H_0 zutrifft, ist t der Wert einer t-verteilten Zufallsvariablen mit dem Freiheitsgrad f = 9. Eine t-verteilte Zufallsvariable aber streut symmetrisch um den Erwartungswert Null. Je weiter der Prüfwert t von der Null entfernt liegt, desto unwahrscheinlicher ist es, dass die Variable T diesen Wert nur zufällig annimmt, und desto größer wird umgekehrt die Wahrscheinlichkeit, dass die Annahme $\mu = \mu_0$ nicht zutrifft. Wie ist der Wert t = 1,1 vor diesem Hintergrund zu beurteilen?

Annahmeintervall beim zweiseitigen Test

Der Prüfwert t wird dann als vereinbar mit der Nullhypothese angesehen, wenn er in das Intervall derjenigen Werte fällt, welche eine t-verteilten Zufallsvariablen des Freiheitsgrads f = 9 mit der vorgegebenen statistischen Sicherheit $\gamma = 1 - \alpha$ annimmt. Dieses Intervall wird als das **Annahmeintervall** bezeichnet. $\alpha = 1 - \gamma$ ist die Wahrscheinlichkeit dafür, dass ein Wert der Zufallsvariablen bei Gültigkeit der Nullhypothese außerhalb dieses Intervalls liegt: Mit der Wahrscheinlichkeit α sind die Werte der Zufallsvariablen entweder kleiner als die untere Begrenzung oder größer als die obere Begrenzung des Intervalls. Die Irrtumswahrscheinlichkeit α verteilt sich also zu gleichen Teilen auf die beiden Enden der Wahrscheinlichkeitsdichtefunktion (Abb. 27 links). Das Annahmeintervall wird daher durch die beiden Quantile $Q_{\alpha/2}$ und $Q_{1-\alpha/2}$ der t-Verteilung begrenzt.

Abb. 27:
0,05- und 0,95-Quantil der t-Verteilung mit f = 9.

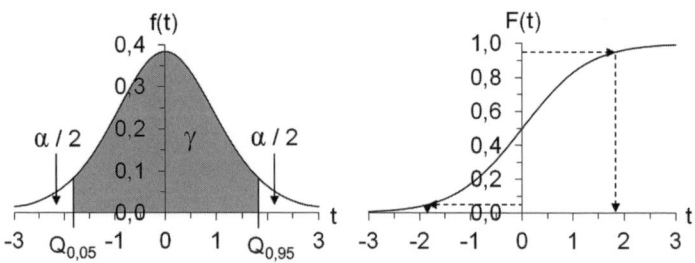

Für $\alpha = 0,10$ handelt es sich um die Quantile $Q_{0,05}$ und $Q_{0,95}$. Die Werte dieser Quantile können auf unterschiedliche Weise ermittelt werden:
- Sie lassen sich ungefähr aus der Abbildung der Verteilungsfunktion ablesen (Abb. 27 rechts).

- Der Wert des 0,95-Quantils kann Tabelle 37 im Anhang D entnommen werden. Aufgrund der Symmetrie der t-Verteilung ist $Q_{0,05} = -Q_{0,95}$.

- In Excel berechnet sich das 0,05-Quantil mit der Funktion T.INV(0,05;9) und das 0,95-Quantil als T.INV(0,95;9) (Anhang C). Es ergibt sich $[Q_{0,05}; Q_{0,95}] = [-1,8; 1,8]$.

Quantile der
t-Verteilung:
Anhang D

Excel-Funktion T.INV

Im vorliegenden Fall ist $Q_{0,05} \leq t \leq Q_{0,95}$. Der Prüfwert t = 1,1 liegt also im Intervall derjenigen Werte, die eine t-verteilte Zufallsvariable des Freiheitsgrads n = 9 mit der Wahrscheinlichkeit γ = 90% annimmt. Er ist für eine so verteilte Zufallsvariable nicht ungewöhnlich und spricht daher nicht gegen die Nullhypothese. Der Test liefert damit das Ergebnis, dass die untersuchte Einzelkornsämaschine den Sollwert μ_0 mit hoher Wahrscheinlichkeit einhält.

Dagegen ist die Wahrscheinlichkeit dafür, dass ein Wert von T bei Gültigkeit der Nullhypothese zufällig außerhalb des Intervalls $[Q_{0,05}; Q_{0,95}]$ liegt, gering, nämlich $\alpha = 1 - \gamma$. Hätte der Prüfwert t außerhalb des Annahmeintervalls gelegen (t < $Q_{0,05}$ oder t > $Q_{0,95}$), so wäre dies Anlass gewesen, die Nullhypothese H_0 anzuzweifeln und zu Gunsten der Alternativhypothese H_1 zu verwerfen.

4.2.5 Das Prinzip und potenzielle Fehler statistischer Tests

Das Prinzip, nach dem bei statistischen Tests vorgegangen wird, ähnelt einer klassischen Methode der mathematischen Beweisführung, die bereits von dem griechischen Mathematiker Euklid um 300 v. Chr. angewendet wurde: dem Beweis durch Widerspruch. Dies soll im Folgenden durch eine Gegenüberstellung verdeutlicht werden (Tab. 22).

Vergleich zwischen
dem t-Test und
dem Beweis durch
Widerspruch

- Auf der einen Seite steht der Euklidische Beweis, dass es unendlich viele Primzahlen gibt. Eine Primzahl ist eine ganze Zahl, die größer als 1 und nur durch 1 und durch sich selber teilbar ist, ohne dass ein Divisionsrest bleibt. So sind die 2 und die 3 Primzahlen, nicht aber die 4, die nicht nur durch 1 und sich selber, sondern auch durch 2 teilbar ist (4 = 2 · 2). Die 5 ist wieder eine Primzahl, während die 6 nicht nur durch 1 und 6, sondern auch durch die Primzahlen 2 und 3 teilbar ist (6 = 2·3). Jede ganze Zahl größer als 1 ist entweder eine Primzahl oder kann als Produkt von Primzahlen dargestellt werden.

- Auf der anderen Seite steht der zweiseitige Parametertest für den Erwartungswert, der im vorliegenden Fall zur Ablehnung der Nullhypothese führen soll. Dies ist dann der Fall, wenn der Prüfwert t außerhalb des Annahmeintervalls $[Q_{\alpha/2}; Q_{1-\alpha/2}]$ liegt.

Tab. 22: Mathematischer Beweis durch Widerspruch und statistischer Test.	
Beweis durch Widerspruch	**Parametertest für den Erwartungswert**
Euklid behauptet, dass es unendlich viele Primzahlen gibt. Da es unmöglich ist, zum Beweis alle Primzahlen zu ermitteln und aufzuschreiben, führt er den Beweis indirekt aus. Er nimmt an, dass es nur endlich viele Primzahlen gibt. Die größte Primzahl sei p.	Der empirische Mittelwert $\bar{x}$ der Zufallsvariablen erweckt den Verdacht, dass der Sollwert μ_0 nicht eingehalten wird. Da es unmöglich ist, den Erwartungswert μ der Zufallsvariablen exakt zu bestimmen, wird angenommen, dass der Verdacht nicht zutrifft und $\mu = \mu_0$ ist.
Es wird eine neue Zahl gebildet: Zum Produkt aller Primzahlen wird 1 addiert. So entsteht die neue Zahl $q = 2 \cdot 3 \cdot \ldots \cdot p + 1$.	Es wird eine neue Zahl gebildet, der Prüfwert $$t = \frac{\bar{x} - \mu_0}{s/\sqrt{n}}$$
Falls die Annahme zutrifft, lässt sich über q eine Aussage machen: q ist keine Primzahl, denn q ist größer als die größte Primzahl p.	Falls die Nullhypothese $\mu = \mu_0$ zutrifft, lässt sich über t eine Aussage machen: t ist der Wert einer Zufallsvariablen T, die durch die t-Verteilung mit dem Freiheitsgrad $f = n - 1$ beschrieben wird.
Wenn q keine Primzahl ist, so muss q durch eine oder mehrere der Primzahlen von 2 bis p ohne Divisionsrest teilbar sein. Dies trifft aber nicht zu. Egal durch welche der Primzahlen von 2 bis p die neue Zahl q geteilt wird, es bleibt immer ein Rest.	Wenn die Zufallsvariable T t-verteilt mit dem Freiheitsgrad f ist, dann fallen ihre Werte mit der Wahrscheinlichkeit $\gamma = 1 - \alpha$ in das Intervall, das durch die Quantile $Q_{\alpha/2}$ und $Q_{1-\alpha/2}$ der Verteilung begrenzt wird. Der Prüfwert t aber liegt außerhalb dieses Intervalls.
Aus der Annahme, dass es eine größte Primzahl p gibt, hat sich ein Widerspruch ergeben: q dürfte laut Annahme keine Primzahl sein, weist aber eine Eigenschaft auf, die nur Primzahlen besitzen. Die Annahme muss daher falsch sein und es muss ihr logisches Gegenteil gelten, nämlich dass es unendlich viele Primzahlen gibt.	Es ist wenig wahrscheinlich, dass der Wert einer Zufallsvariablen, die durch die angenommene Verteilung beschrieben wird, zufällig außerhalb des Intervalls $[Q_{\alpha/2}; Q_{1-\alpha/2}]$ liegt. Die Annahme ist daher mit hoher Wahrscheinlichkeit falsch und muss zu Gunsten ihres logischen Gegenteils, der Alternativhypothese $\mu \neq \mu_0$, verworfen werden.

Um eine Vermutung zu bestätigen, wird in beiden Fällen zunächst ihr Gegenteil angenommen. Anschließend wird geprüft, ob aus dieser

Annahme etwas Widersprüchliches oder Falsches (im Fall des statistischen Tests: etwas Unwahrscheinliches) folgt. Ist dies der Fall, so muss die Annahme (Nullhypothese) falsch (unwahrscheinlich) sein und damit der ursprünglich gehegte Verdacht (die Alternativhypothese) richtig (wahrscheinlich).

Es gibt allerdings einen wesentlichen Unterschied zwischen dem Beweis durch Widerspruch und einem statistischen Test: Da man es in der Statistik mit Zufallsvariablen zu tun hat, sind statistische Aussagen niemals absolut sicher. Daher gibt es keine statistischen Beweise, sondern lediglich Tests, bei denen Fehler auftreten können. Abbildung 28 zeigt die unterschiedlichen Varianten, wie man bei einem statistischen Test zu einer korrekten oder falschen Schlussfolgerung gelangen kann.

Bei statistischen Tests können Fehler auftreten.

Abb. 28: *Mögliche Verhältnisse bei einem statistischen Test.*

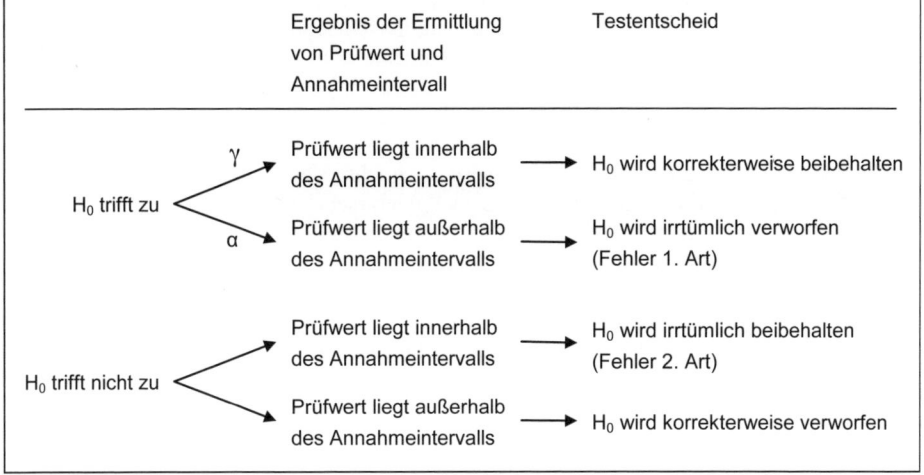

Es sei beispielsweise angenommen, die Nullhypothese H_0 trifft zu. Dann liegt der Prüfwert mit der Wahrscheinlichkeit γ innerhalb und mit der Wahrscheinlichkeit $\alpha = 1 - \gamma$ außerhalb des Annahmeintervalls. In letzterem Fall wird aus dem Test aber die Schlussfolgerung gezogen, dass die Nullhypothese abzulehnen ist. Mit der Wahrscheinlichkeit α wird H_0 also irrtümlich verworfen. Hierher rührt die Bezeichnung "Irrtumswahrscheinlichkeit" für α. Man spricht in diesem Fall vom **Fehler 1. Art**.

Fehler 1. Art: H_0 wird irrtümlich verworfen.

Das Risiko, einen Fehler zu begehen, lässt sich nun aber leider nicht dadurch beheben, dass man den Wert von α reduziert. Wenn α kleiner wird, bedeutet dies, dass sich das Annahmeintervall verbreitert (vergleiche beispielsweise Abb. 27). Damit steigt aber zugleich das Risiko, die Nullhypothese irrtümlich beizubehalten und damit den so genannten **Fehler 2. Art** zu begehen. Für $\alpha \to 0$ würden sich die Grenzen des Annahmeintervalls gegen $-\infty$ und $+\infty$ verschieben. Dann würde jede beliebige Nullhypothese beibehalten und der Test wäre wertlos.

Fehler 2. Art: H_0 wird irrtümlich beibehalten.

Die Wahrscheinlichkeit für den Fehler 2. Art (H_0 wird irrtümlich beibehalten) lässt sich im Gegensatz zur Wahrscheinlichkeit α für den Fehler 1. Art (H_0 wird irrtümlich verworfen) nicht genau angeben. Dazu müsste man wissen, mit welcher Wahrscheinlichkeit der Prüfwert zufällig in das Annahmeintervall fällt, wenn die Nullhypothese nicht zutrifft. Wenn H_0 falsch ist, dann ist aber unbekannt, welcher Wahrscheinlichkeitsverteilung die Zufallsvariable stattdessen folgt, und die gesuchte Wahrscheinlichkeit kann nicht ermittelt werden.

Wahl der Irrtumswahrscheinlichkeit α

Zusammenfassend lässt sich also sagen: Bei einem statistischen Test wird die Nullhypothese mit der Wahrscheinlichkeit α irrtümlich verworfen. Wird α reduziert, steigt zugleich die Wahrscheinlichkeit, die Nullhypothese irrtümlich beizubehalten. Eine Möglichkeit, den Wert für α objektiv in optimaler Weise zu wählen, gibt es nicht.

Der Parametertest für den Erwartungswert beispielsweise kann dazu verwendet werden, eine Eichung, die Einhaltung eines Grenzwertes oder eine Herstellerangabe zu überprüfen. Die Nullhypothese ist in diesen Fällen, dass der Eichwert oder der Grenzwert eingehalten oder die Herstellerangabe korrekt ist. Im Sinne des Umwelt- und Verbraucherschutzes sollte das Risiko, dass die Nullhypothese als Folgerung aus dem Test irrtümlich beibehalten wird, möglichst klein sein. Dies spricht für einen relativ großen Wert von α. Andererseits sollte man sich sicher sein, dass die Nullhypothese nicht irrtümlich verworfen wird, bevor man weitergehende Maßnahmen einleitet, zum Beispiel den Hersteller des geprüften Produkts verklagt. Dieser Aspekt spricht dafür, eher einen kleinen Wert für α zu wählen.

Es bleibt letztlich dem Anwender des Tests überlassen, sich – zum Teil nach seiner subjektiven Einschätzung – vor der Durchführung des Tests für eine Irrtumswahrscheinlichkeit zu entscheiden, die ihm akzeptabel erscheint.

4.2.6 Einseitiger Parametertest für den Erwartungswert

Beim zweiseitigen Parametertest (Abschnitt 4.2.4) lautet die Nullhypothese $\mu = \mu_0$. Es wird auf Gleichheit getestet. Bei einseitigen Tests dagegen werden Ungleichheitsbeziehungen geprüft.

Beispiel für einen rechtsseitigen Test

Im Beispiel der Einzelkornsämaschine (Tab. 18) beträgt der Kornabstand im Mittel 13,8 cm. Da als Sollabstand μ_0 lediglich 12,0 cm eingestellt wurden, liegt der Verdacht nahe, dass die Maschine die Körner systematisch in zu großem Abstand ablegt, dass also $\mu > \mu_0$ ist. Falls man einen solchen Verdacht hegt, macht man ihn zur Alternativhypothese eines statistischen Tests. Die Nullhypothese lautet dann entsprechend $\mu \leq \mu_0$ und drückt somit aus, dass der Verdacht nicht zutrifft („Im Zweifelsfall für den Angeklagten").

H_0: $\mu \leq \mu_0$
H_1: $\mu > \mu_0$

Genau wie beim zweiseitigen Test sei die Irrtumswahrscheinlichkeit α = 0,10; der Prüfwert t berechnet sich wieder als

$$t = \frac{\overline{x} - \mu_0}{s/\sqrt{n}} \qquad (43)$$
$$= 1,1$$

Falls die Nullhypothese $\mu \leq \mu_0$ zutrifft, kann man mit hoher Wahrscheinlichkeit erwarten, dass $\overline{x} - \mu_0$ und damit auch t kleiner gleich Null ist. Der empirische Mittelwert ist allerdings eine Zufallsvariable und kann deshalb, selbst wenn die Nullhypothese gilt, zufällig einen Wert $\overline{x}$ annehmen, der größer als μ_0 ist. $\overline{x} - \mu_0$ und t sind dann größer als Null. Im vorliegenden Fall hat sich für t der Wert 1,1 ergeben. Liegt er im Rahmen dessen, was man bei Gültigkeit der Nullhypothese noch als normal ansehen kann, oder ist er so groß, dass man die Nullhypothese verwerfen muss?

Um diese Frage zu beantworten, wird wieder ein Annahmeintervall berechnet. Das Annahmeintervall ist dasjenige Intervall, in das die Werte der untersuchten Zufallsvariablen bei Gültigkeit der Nullhypothese mit der Wahrscheinlichkeit $\gamma = 1 - \alpha$ fallen. Es erstreckt sich diesmal von $-\infty$ bis zu einer oberen Grenze, die dadurch definiert ist, dass die Werte der Zufallsvariablen mit der Wahrscheinlichkeit α außerhalb des Intervalls liegen, das heißt größer als diese obere Grenze sind. Die Irrtumswahrscheinlichkeit α liegt jetzt also allein unter dem rechten Ende der Wahrscheinlichkeitsdichtefunktion (Abb. 29). Die obere Begrenzung des Annahmeintervalls ist daher das γ-Quantil der t-Verteilung. Man spricht von einem **rechtsseitigen Test**.

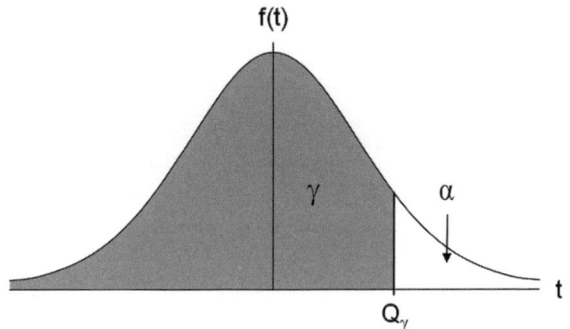

f(t)

γ α

t

Q_γ

Abb. 29:
γ-Quantil der
t-Verteilung.

Das 0,90-Quantil $Q_{0,90}$ der t-Verteilung mit dem Freiheitsgrad f = 9 hat den Wert 1,4. Dies lässt sich Tabelle 37 im Anhang D entnehmen. In Excel berechnet sich das Quantil als T.INV(0,90;9) (Anhang C). Der Prüfwert t = 1,1, der sich aus den Messwerten in Tabelle 18 ergibt, ist kleiner als dieses Quantil. Die Nullhypothese wird daher beibehalten. Der Kornabstand ist mit hoher Wahrscheinlichkeit nicht zu groß. Dies steht im Einklang mit dem Ergebnis des zweiseitigen Tests im Abschnitt 4.2.4.

Analog zum rechtsseitigen Test gibt es auch einen **linksseitigen Test**. Er wird angewendet, wenn der Verdacht besteht, dass $\mu < \mu_0$ ist. Diese Beziehung dient als Alternativhypothese:

H_0: $\mu \geq \mu_0$
H_1: $\mu < \mu_0$

Die Nullhypothese H_0 wird in diesem Fall beibehalten, wenn $t \geq Q_\alpha$ ist (Abb. 30).

Abb. 30:
α-Quantil der t-Verteilung.

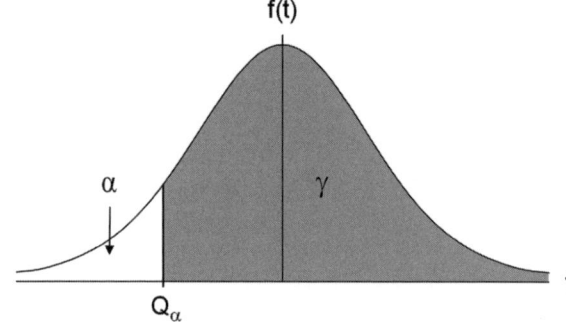

Beispiel für einen linksseitigen Test

Beispiel: Ein Futterzusatzstoff wird in 5 kg-Packungen angeboten.
a) Bei einer Prüfung werden die folgenden Gewichte ermittelt (in g): 4952, 5015, 4991, 4920, 4938. Ist das tatsächliche Füllgewicht systematisch zu niedrig?

Lösung:

H_0: $\mu \geq 5000$ g
H_1: $\mu < 5000$ g

Da es um einen schwerwiegenden Verdacht geht ($\mu < 5000$ g), sollte die Wahrscheinlichkeit dafür, dass die Nullhypothese irrtümlich verworfen wird, klein sein. Daher wird $\alpha = 0{,}01$ gewählt.

$\overline{x} = 4963$ g, s = 39 g

$$t = \frac{4963 \text{ g} - 5000 \text{ g}}{39 \text{ g} / \sqrt{5}}$$

$$= -2{,}1$$

0,01-Quantil der t-Verteilung mit dem Freiheitsgrad f = 4: $Q_{0,01} = -3{,}7$ (Excel: T.INV(0,01;4))

$t \geq Q_{0,01} \Rightarrow H_0$ wird beibehalten.

Der Verdacht einer systematischen Unterschreitung des Füllgewichts lässt sich nicht bestätigen. Dies hängt ganz wesentlich damit zusammen, dass lediglich fünf Messungen durchgeführt wurden.

b) Nehmen Sie an, die in a) berechneten Werte für Mittelwert und Standardabweichung wären das Ergebnis einer Analyse von zehn Messwerten. Wie wirkt sich dies im Test aus?

Lösung:

$$t = \frac{4963 \text{ g} - 5000 \text{ g}}{39 \text{ g} / \sqrt{10}}$$

$$= -3,0$$

0,01-Quantil der t-Verteilung mit dem Freiheitsgrad f = 9: $Q_{0,01} = -2,8$ (Excel: T.INV(0,01;9))

$t < Q_{0,01} \Rightarrow H_0$ wird verworfen.

Nun, da die Werte von $\bar{x}$ und s durch eine größere Anzahl von Messungen gestützt werden, lautet die Schlussfolgerung also, dass der Sollwert nicht eingehalten wird. Die Wahrscheinlichkeit, dass diese Folgerung falsch ist, dass die Nullhypothese also irrtümlich verworfen wird, beträgt $\alpha = 0,01$.

4.3   Vergleich zweier Stichproben

4.3.1 Variationskoeffizient
Es werden jetzt zwei Einzelkornsämaschinen verglichen (Tab. 23).

Messung Nr.	Messwerte (cm)	
	Maschine 1	Maschine 2
1	18,6	2,7
2	10,1	10,4
3	12,9	11,3
4	10,6	8,3
5	25,9	18,1
6	15,4	6,5
7	8,6	14,5
8	9,1	5,7
9	12,0	10,1
10	14,6	13,4

Tab. 23: Zehn Messwerte des Kornabstands zweier unterschiedlicher Einzelkornsämaschinen.

Es ergeben sich die folgenden empirischen Mittelwerte und Standardabweichungen des Saatkornabstands:

$$\bar{x}_1 = 13{,}8 \text{ cm}, \ \bar{x}_2 = 10{,}1 \text{ cm}$$
$$s_1 = 5{,}3 \text{ cm}, \ s_2 = 4{,}5 \text{ cm}$$

Als Merkmal zur Beurteilung der Qualität der Maschinen wird im Folgenden die Standardabweichung beziehungsweise die Varianz der Kornabstände betrachtet. Maschine 1 zeigt zwar die größere Standardabweichung, besitzt aber zugleich auch den größeren Mittelwert. Dies ist häufig zu beobachten: Je größer der Mittelwert einer Zufallsvariablen ist, desto größer ist tendenziell auch ihre Standardabweichung. Ein erster Ansatz, die Beurteilung der Standardabweichung zu objektivieren, besteht daher darin, die Standardabweichung zum Mittelwert ins Verhältnis zu setzen. Die resultierende Größe bezeichnet man als den **Variationskoeffizienten** der Messwerte:

Definition Variationskoeffizient

$$\text{Variationskoeffizient} = \frac{\text{Standardabweichung}}{\text{Mittelwert}} \tag{44}$$

Im Beispiel der Einzelkornsämaschinen ergibt sich:

$$V_1 = \frac{s_1}{x_1} \qquad V_2' = \frac{s_2}{x_2}$$
$$= \frac{5{,}3 \text{ cm}}{13{,}8 \text{ cm}} \qquad = \frac{4{,}5 \text{ cm}}{10{,}1 \text{ cm}}$$
$$= 0{,}38 \qquad = 0{,}45$$

In Relation zum Mittelwert ist die Standardabweichung des Kornabstands bei Maschine 1 also geringer als bei Maschine 2.

Der Variationskoeffizient wird typischerweise bei Daten verwendet, die unterschiedliche Mittelwerte aufweisen oder in unterschiedlichen Einheiten angegeben sind, zum Beispiel um Preisschwankungen in unterschiedlichen Währungen zu vergleichen. Er hat aber folgende Nachteile:

Nachteile des Variationskoeffizienten

• Er kann beliebig groß werden, wenn der Betrag des Mittelwerts gegen Null geht. Für $\bar{x} = 0$ ist der Variationskoeffizient nicht definiert.
• Der Variationskoeffizient gibt nur die Verhältnisse in den vorliegenden Stichproben wieder. Er lässt keine Schlüsse darauf zu, ob die Grundgesamtheiten, aus denen die Stichproben stammen, eine unterschiedliche Standardabweichung besitzen.

Im Fall normalverteilter Daten wird die letztgenannte Frage mithilfe des F-Tests geklärt, der im folgenden Abschnitt behandelt wird.

4.3.2 Zweiseitiger F-Test für die Varianz

Wir bleiben beim Beispiel der beiden Einzelkornsämaschinen (Tab. 23). Die empirische Standardabweichung für Maschine 1 beträgt $s_1 = 5{,}3$ cm und für Maschine 2 $s_2 = 4{,}5$ cm. Es soll nun geklärt werden, ob dieser Unterschied der Stichproben darauf zurückzuführen ist, dass die Grundgesamtheiten hinsichtlich der Standardabweichungen σ_1 und σ_2 beziehungsweise der Varianzen σ_1^2 und σ_2^2 des Kornabstands unterschiedlich sind, ob also eine der beiden Maschinen grundsätzlich stärker streuende Saatkornabstände erzeugt.

Null- und Alternativhypothese lauten

Null- und Alternativhypothese

$$H_0: \sigma_1^2 = \sigma_2^2$$
$$H_1: \sigma_1^2 \neq \sigma_2^2$$

Als Irrtumswahrscheinlichkeit wird im vorliegenden Beispiel $\alpha = 0{,}10$ gewählt.

Das weitere Vorgehen entspricht nun in vielerlei Hinsicht dem beim zweiseitigen Parametertest für den Erwartungswert (Abschnitt 4.2.4). Bei diesem ist ein Wert $\bar{x}$ der Zufallsvariablen Mittelwert ($\overline{X}$) bekannt und es soll rückgeschlossen werden auf den Erwartungswert μ der Grundgesamtheit. Dazu wird aus $\overline{X}$ eine neue Zufallsvariable T abgeleitet. Dies geschieht so, dass die neue Zufallsvariable bei Gültigkeit der Nullhypothese eine bekannte Verteilungsfunktion besitzt und sich somit statistisch untersuchen lässt.

Variablentransformation

Hier sind die Werte s_1 und s_2 zweier Zufallsvariablen bekannt. Die erste Zufallsvariable ist die empirische Standardabweichung S_1 der Maschine 1, die zweite Zufallsvariable die empirische Standardabweichung S_2 der Maschine 2. Aus dieser Information soll rückgeschlossen werden auf die Varianzen σ_1^2 und σ_2^2 der Grundgesamtheiten. Die Verteilungsfunktionen von S_1 und S_2 sind aber unbekannt. Daher bildet man aus S_1 und S_2 eine neue Zufallsvariable F:

$$F = \frac{S_1^2}{S_2^2} \qquad (45)$$

Falls die Nullhypothese gilt, so folgt F der so genannten **F-Verteilung**. Diese hat zwei Parameter, den Freiheitsgrad f_1 der Größe im Zähler und den Freiheitsgrad f_2 der Größe im Nenner des Quotienten. Bei beiden Größen handelt es sich um die empirische Varianz, deren Freiheitsgrad sich als f = Anzahl der Messwerte – 1 berechnet. Wird die Anzahl der Messwerte in den beiden Stichproben mit n_1 und n_2 bezeichnet, so ist daher $f_1 = n_1 - 1$ und $f_2 = n_2 - 1$.

Eine F-verteilte Zufallsvariable ist als Quotient zweier empirischer Varianzen definiert. Da die Varianz immer einen positiven Wert besitzt, nimmt auch eine F-verteilte Zufallsvariable nur positive Werte an. Die Wahrscheinlichkeitsdichtefunktion f(x) und die Verteilungsfunktion F(x) der F-Verteilung unterscheiden sich daher deutlich von den entsprechenden Funktionen der Normal- und der t-Verteilung. Sie sind asymmetrisch und es gilt $f(x) = 0$ beziehungsweise $F(x) = 0$ für $x \leq 0$ (Abb. 31).

Prüfwert

Als Prüfgröße wird nun aus den empirischen Standardabweichungen s_1 und s_2 ein Wert der Zufallsvariablen F berechnet. Bisher wurden für eine Zufallsvariable stets ein Großbuchstabe und für einen ihrer Werte der entsprechende Kleinbuchstabe verwendet. Hier wird der Wert der Zufallsvariablen F abweichend von dieser Konvention ebenfalls mit dem Großbuchstaben F bezeichnet, da das Symbol f bereits für den Freiheitsgrad vergeben ist. Im Beispiel der Einzelkornsämaschinen ergibt sich

$$F = \frac{s_1^{\,2}}{s_2^{\,2}} \qquad (46)$$

$$= \frac{(5,3 \text{ cm})^2}{(4,5 \text{ cm})^2}$$

$$= 1,4$$

Falls H_0 zutrifft, ist F der Wert einer F-verteilten Zufallsvariablen mit den Freiheitsgraden

$$f_1 = 10 - 1 = 9$$
$$f_2 = 10 - 1 = 9$$

Abbildung 31 zeigt die Wahrscheinlichkeitsdichte- und Verteilungsfunktion einer solchen Zufallsvariablen. Für $\sigma_1^2 = \sigma_2^2$ erwartet man $s_1^2 \approx s_2^2$. Die Werte der Zufallsvariablen sollten daher um 1 herumstreuen, wobei die Wahrscheinlichkeit, dass der Wert 1 unterschritten wird, genauso groß sein sollte wie die Wahrscheinlichkeit, dass er überschritten wird. Das bedeutet, dass der Median der F-Verteilung gleich 1 ist. Das Maximum der Wahrscheinlichkeitsdichtefunktion (ihr Modus) liegt wegen ihrer Asymmetrie bei einem Wert kleiner 1.

Abb. 31:
0,05- und 0,95-Quantil der F-Verteilung mit $f_1 = f_2 = 9$.

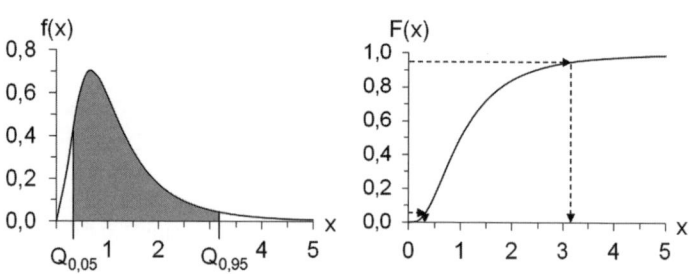

Kann nun der Prüfwert F mit der Irrtumswahrscheinlichkeit $\alpha = 0,10$ als Wert einer F-verteilten Zufallsvariablen mit den Freiheitsgraden $f_1 = f_2 = 9$ angesehen werden? Mit der Wahrscheinlichkeit $\gamma = 1 - \alpha$ fallen die

Werte einer solchen Zufallsvariablen in das Intervall $[Q_{0,05}; Q_{0,95}]$, wobei $Q_{0,05}$ und $Q_{0,95}$ das 0,05- und das 0,95-Quantil der Verteilung sind. Falls man bei der Berechnung von F den größeren Wert der empirischen Varianz in den Zähler und den kleineren in den Nenner schreibt, so ist F > 1 und ist damit auf jeden Fall größer als das 0,05-Quantil. Dieses muss dann nicht explizit berechnet werden und es genügt, das 0,95-Quantil zu bestimmen. Aus der Abbildung der Verteilungsfunktion kann man ablesen, dass sein Wert etwas größer als 3 ist. Genauer lässt sich der Wert des Quantils Tabelle 39 im Anhang D entnehmen oder mithilfe der Excel-Funktion F.INV berechnen (F.INV(0,95;9;9)). Es ergibt sich

Quantile der F-Verteilung Anhang D

Excel-FunktionF.INV

$$Q_{0,95} = 3,2$$

Der Prüfwert F liegt also innerhalb des Intervalls, in das im Mittel 90% aller Werte einer F-verteilten Zufallsvariablen mit $f_1 = f_2 = 9$ fallen. Er ist für eine solche Zufallsvariable nicht ungewöhnlich. Die Nullhypothese kann daher beibehalten werden.

Der hier vorgestellte F-Test darf nur unter zwei Voraussetzungen angewendet werden, nämlich dass die beiden Zufallsvariablen S_1 und S_2 unabhängig voneinander und normalverteilt sind. Die Unabhängigkeit ist dadurch gewährleistet, dass die Standardabweichung des Kornabstands erfasst wird, den zwei unterschiedliche Maschinen erzeugen. Ein Test zur Überprüfung, ob eine Zufallsvariable einer bestimmten Wahrscheinlichkeitsverteilung folgt, wird im Abschnitt 4.5 vorgestellt.

Voraussetzungen für den F-Test

Eine Übungsaufgabe zum F-Test findet sich im Anhang E (Aufgabe E.1).

Übungsaufgabe

4.3.3 Zweiseitiger t-Test für den Erwartungswert
Tabelle 24 zeigt 18 Messwerte des Geburtsgewichts von Kälbern zweier Rassen 1 und 2.

Tab. 24: Messwerte des Geburtsgewichts von Kälbern zweier Rassen 1 und 2.	
Rasse 1 (kg)	Rasse 2 (kg)
44	53
41	48
50	50
45	57
46	46
51	39
53	60
39	40
43	
48	

Die empirischen Mittelwerte betragen $\bar{x}_1 = 46$ kg und $\bar{x}_2 = 49$ kg. Es handelt sich hierbei um Werte zweier normalverteilter Zufallsvariablen $\overline{X}_1$ und $\overline{X}_2$ mit unbekannten Erwartungswerten μ_1 und μ_2. Die zu beantwortende Frage lautet: Stimmen die Erwartungswerte des Geburtsgewichts für beide Rassen überein? Null- und Alternativhypothese bei diesem Test sind daher

Null- und Alternativhypothese

$$H_0: \mu_1 = \mu_2$$
$$H_1: \mu_1 \neq \mu_2$$

Variablentransformation

Genau wie beim Parametertest für den Erwartungswert (Abschnitt 4.2.4) leitet man aus $\overline{X}_1$ und $\overline{X}_2$ nun eine neue Zufallsvariable ab, deren Verteilungsfunktion bekannt ist und für die sich damit Berechnungen durchführen lassen. Zunächst bildet man die Differenz $\overline{X}_1 - \overline{X}_2$. Falls H_0 zutrifft, ist $\overline{X}_1 - \overline{X}_2$ eine normalverteilte Zufallsvariable mit dem Erwartungswert 0. Teilt man die Differenz $\overline{X}_1 - \overline{X}_2$ noch durch ihre Standardabweichung σ, so entsteht wieder eine standardnormalverteilte Zufallsvariable.

Wie groß ist nun die Standardabweichung σ beziehungsweise Varianz $\sigma^2 = \mathrm{Var}(\overline{X}_1 - \overline{X}_2)$ der Zufallsvariablen $\overline{X}_1 - \overline{X}_2$? Der nahe liegende Ansatz $\mathrm{Var}(\overline{X}_1 - \overline{X}_2) = \mathrm{Var}(\overline{X}_1) - \mathrm{Var}(\overline{X}_2)$ ist nicht korrekt. Wenn man zwei Zufallsvariablen, hier $\overline{X}_1$ und $\overline{X}_2$, miteinander verrechnet, entsteht eine Zufallsvariable, die eine größere Unsicherheit beziehungsweise Varianz als die beiden Ausgangsgrößen aufweist. $\mathrm{Var}(\overline{X}_1) - \mathrm{Var}(\overline{X}_2)$ ist dagegen kleiner als $\mathrm{Var}(\overline{X}_1)$ und kann möglicherweise sogar kleiner als Null werden, was unsinnig wäre. Es gilt stattdessen

$$\begin{aligned}
\mathrm{Var}(\overline{X}_1 - \overline{X}_2) &= \mathrm{Var}(\overline{X}_1) + \mathrm{Var}(\overline{X}_2) \\
&= \sigma_{\bar{x}_1}^2 + \sigma_{\bar{x}_2}^2 \\
&= \frac{\sigma_1^2}{n_1} + \frac{\sigma_2^2}{n_2}
\end{aligned}$$

Daraus folgt:

$$\begin{aligned}
\sigma &= \sqrt{\mathrm{Var}(\overline{X}_1 - \overline{X}_2)} \\
&= \sqrt{\frac{\sigma_1^2}{n_1} + \frac{\sigma_2^2}{n_2}}
\end{aligned} \tag{47}$$

Falls H_0 zutrifft, ist

$$Z = \frac{\overline{X}_1 - \overline{X}_2}{\sigma} \tag{48}$$

eine standardnormalverteilte Zufallsvariable. Dabei ist allerdings vorausgesetzt, dass sich σ exakt berechnen lässt beziehungsweise dass die Standardabweichungen σ_1 und σ_2 der Grundgesamtheiten bekannt sind. Dies ist normalerweise aber nicht der Fall. Stattdessen liegen nur Näherungs-werte für σ_1 und σ_2, die empirischen Standardabweichungen s_1 und s_2, vor und es kann lediglich die Zufallsvariable

$$T = \frac{\overline{X}_1 - \overline{X}_2}{S} \tag{49}$$

mit

$$S = \sqrt{\frac{S_1^2}{n_1} + \frac{S_2^2}{n_2}} \tag{50}$$

ermittelt werden. Die Verwendung der Zufallsvariablen S_1 und S_2 aber bringt eine erhöhte Unsicherheit mit sich, sodass T nicht der Standard-normalverteilung, sondern einer flacher verlaufenden Verteilung folgt. Falls vorausgesetzt werden kann, dass $\sigma_1 = \sigma_2$ ist – dies lässt sich mit dem F-Test (Abschnitt 4.3.2 und Anhang D) prüfen – so ist die Zufallsvaria-ble T t-verteilt mit dem Freiheitsgrad

$$f = n_1 + n_2 - 2 \tag{51}$$

Im Beispiel des Vergleichs der beiden Rinderrassen ist

$$s = \sqrt{\frac{s_1^2}{n_1} + \frac{s_2^2}{n_2}} \tag{52}$$

$$= \sqrt{\frac{(4\ \text{kg})^2}{10} + \frac{(7\ \text{kg})^2}{8}}$$

$$= 2{,}8\ \text{kg}$$

Der Prüfwert t lautet somit   Prüfwert

$$t = \frac{\overline{x}_1 - \overline{x}_2}{s} \tag{53}$$

$$= \frac{46\ \text{kg} - 49\ \text{kg}}{2{,}8\ \text{kg}}$$

$$= -1{,}1$$

Als Irrtumswahrscheinlichkeit wird $\alpha = 0{,}05$ gewählt. Da es sich um einen zweiseitigen Test handelt, verteilt sie sich zu gleichen Teilen auf die bei-den Enden der Wahrscheinlichkeitsdichtefunktion. Das Annahmeinter-vall wird daher durch das 0,025- und 0,975-Quantil der t-Verteilung mit $f = 16$ begrenzt (Abb. 32).

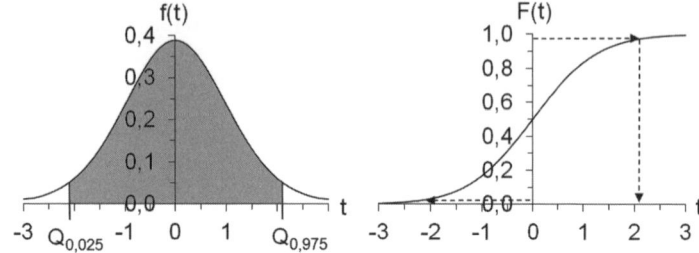

Quantile der t-Verteilung Anhang D

Das 0,975-Quantil hat den Wert $Q_{0,975} = 2,1$ (Tabelle 37 im Anhang D, Excel: T.INV(0,975;16)), das 0,025-Quantil den Wert $Q_{0,025} = -2,1$. Da der Prüfwert innerhalb des Annahmeintervalls liegt ($Q_{0,025} \leq t \leq Q_{0,975}$), wird die Nullhypothese $\mu_1 = \mu_2$ beibehalten. Der Test deutet nicht darauf hin, dass sich die beiden Rinderrassen hinsichtlich des Geburtsgewichts unterscheiden.

Voraussetzungen für den t-Test

Der t-Test darf nur dann angewendet werden, wenn die miteinander verglichenen Zufallsvariablen unabhängig voneinander und normalverteilt sind sowie dieselbe Varianz besitzen. Die letzten beiden dieser Voraussetzungen lassen sich mit dem Chi-Quadrat-Test (Abschnitt 4.5) und mit dem F-Test überprüfen (Abschnitt 4.3.2).

Übungsaufgabe

Eine Übungsaufgabe zum t-Test findet sich im Anhang E (Aufgabe E.2).

4.4 Vergleich von mehr als zwei Stichproben

4.4.1 Einfaktorielle Varianzanalyse

Beispiel Parzellenversuch

In vielen Fällen werden mehr als zwei Stichproben verglichen. Im Folgenden wird das (fiktive) Beispiel eines Parzellenversuchs betrachtet (Foto 2), der dazu diente, den Ertrag dreier unterschiedlicher Weizensorten zu ermitteln. Am Ende des Versuchs konnten elf Parzellen abgeerntet werden. Tabelle 25 fasst die Ergebnisse zusammen.

Foto 2:
Versuchsparzellen im Pflanzenbau.

Tab. 25: Ertrag dreier unterschiedlicher Weizensorten auf insgesamt 11 Versuchsparzellen.						
Sorte	Stichproben-umfang n_i	Messwerte (dt/ha)				Mittelwert (dt/ha)
1	4	81	72	67	69	72
2	4	85	85	64	72	77
3	3	54	63	58		58

↑
Faktorstufen i = 1,...,k   Merkmalswerte x_{ij} (j = 1,...,n_i)   Faktorstufenmittelwerte $\bar{x}_i$

Das untersuchte Merkmal ist der Ertrag. Die einzelnen Messwerte werden daher auch als die Merkmalswerte bezeichnet. Sie werden mit zwei Indizes i und j versehen. Mit dem ersten Index werden die Sorten durchnummeriert. Er läuft im vorliegenden Beispiel daher von 1 bis 3. Der zweite Index kennzeichnet die Messwerte, die für jeweils eine Sorte erhoben wurden. Im Beispiel gibt es die Merkmalswerte x_{11} bis x_{14}, x_{21} bis x_{24} und x_{31} bis x_{33}.

Allgemein werden Größen, welche die Merkmalswerte beeinflussen, im hier behandelten Zusammenhang als **Faktoren** bezeichnet. Die einzelnen Ausprägungen des Faktors, im Beispiel die unterschiedlichen Sorten, sind die so genannten **Faktorstufen**. Bildet man auf jeder Stufe den Mittelwert der entsprechenden Merkmalswerte, so ergeben sich die **Faktorstufenmittelwerte**. Sie betragen im vorliegenden Fall $\bar{x}_1$ = 72 dt/ha, $\bar{x}_2$ = 77 dt/ha und $\bar{x}_3$ = 58 dt/ha.

Faktor = Größe, welche die Merkmalswerte beeinflusst

Auf Grundlage der Versuchsergebnisse wird man dazu neigen, der Sorte 2 den Vorzug zu geben. Sie könnte allerdings auch Nachteile aufweisen. Das Saatgut könnte beispielsweise teurer sein als dasjenige der Sorten 1 und 3. Bevor man mehr Geld für das Saatgut ausgibt, sollte man prüfen, ob tatsächlich ein höherer Ertrag erwartet werden kann, oder ob der höhere Faktorstufenmittelwert im Versuch nur zufällig zu Stande gekommen ist.

Im Folgenden wird davon ausgegangen, dass die Sorte der einzige Faktor ist, der sich auf die Merkmalswerte ausgewirkt haben könnte. Man bezeichnet den hier vorgestellten statistischen Test daher als **einfaktorielle Varianzanalyse**.

Voraussetzungen für die einfaktorielle Varianzanalyse sind:
- Die Daten in den k Faktorstufen sind normalverteilt.
- Jede der Normalverteilungen hat dieselbe Varianz ($\sigma_1^2 = \sigma_2^2 = ... = \sigma_k^2 = \sigma^2$).
- Die Stichproben sind unabhängig voneinander.

Voraussetzungen

Null- und Alternativhypothese lauten:
- H_0: Die Erwartungswerte für die k Faktorstufen stimmen überein ($\mu_1 = \mu_2 = ... = \mu_k = \mu$).
- H_1: Für mindestens ein i ist $\mu_i \neq \mu$ (i=1,...,k).

Null- und Alternativhypothese

Die Merkmalswerte streuen, da sie einerseits dem Einfluss des Faktors und andererseits zufälligen Einflüssen unterliegen. Die Gesamtstreuung der Merkmalswerte kann daher in zwei Anteile zerlegt werden:

Streuung der Merkmalswerte = durch den Faktor verursachte Streuung + zufällige Streuung

$$\text{Str} = \text{Str}_{\text{Faktor}} + \text{Str}_{\text{Zufall}}$$

Ablauf des Tests in drei Schritten

Der Test läuft nun in drei Schritten ab.

1. Schritt: Streuungen Str, $\text{Str}_{\text{Faktor}}$ und $\text{Str}_{\text{Zufall}}$ berechnen

Streuung der Merkmalswerte

Die Streuung Str berechnet sich als die Summe der quadrierten Abweichungen der Merkmalswerte x_{ij} vom Gesamtmittelwert $\bar{x}$. Bei dieser Berechnung müssen beide Indizes i und j ihre sämtlichen Werte durchlaufen, damit alle Messwerte berücksichtigt werden.

$$\text{Str} = \sum_{i=1}^{k} \sum_{j=1}^{n_i} (x_{ij} - \bar{x})^2 \tag{54}$$

$$\text{mit} \quad \bar{x} = \frac{1}{N} \sum_{i=1}^{k} \sum_{j=1}^{n_i} x_{ij} : \text{arithmetisches Mittel der Merkmalswerte}$$

$$N = \sum_{i=1}^{k} n_i : \text{Gesamtzahl der Merkmalswerte}$$

Beispiel: $N = 4 + 4 + 3 = 11$

$$\bar{x} = \frac{1}{N} (81 + 72 + 67 + 69 + 85 + 85 + 64 + 72 + 54 + 63 + 58) \text{ dt/ha}$$
$$= 70 \text{ dt/ha}$$

$$\text{Str} = [(81 - 70)^2 + (72 - 70)^2 + ... + (58 - 70)^2] \, (\text{dt/ha})^2$$
$$= 1074 \, (\text{dt/ha})^2$$

faktorbedingte Streuung

Der Einfluss des Faktors schlägt sich in den Unterschieden zwischen den Faktorstufenmittelwerten nieder. Die durch den Faktor verursachte Streuung $\text{Str}_{\text{Faktor}}$ wird daher aus den Abweichungen der Faktorstufenmittelwerte $\bar{x}_i$ vom Gesamtmittelwert $\bar{x}$ berechnet. Dabei wird eine Wichtung mit dem Stichprobenumfang n_i vorgenommen, sodass solche Abweichungen, die aus einer größeren Anzahl von Merkmalswerten abgeleitet sind, stärker in das Ergebnis eingehen:

$$\text{Str}_{\text{Faktor}} \quad = \sum_{i=1}^{k} n_i \, (\overline{x}_i - \overline{x})^2 \tag{55}$$

Beispiel: $\text{Str}_{\text{Faktor}} = [\, 4 \, (72 - 70)^2 + 4 \, (77 - 70)^2 + 3 \, (58 - 70)^2 \,] \, (\text{dt/ha})^2$
$\qquad\qquad\quad = 644 \, (\text{dt/ha})^2$

Aus Str und $\text{Str}_{\text{Faktor}}$ ergibt sich die zufallsbedingte Streuung als

zufallsbedingte
Streuung

$$\text{Str}_{\text{Zufall}} = \text{Str} - \text{Str}_{\text{Faktor}} \tag{56}$$

Beispiel: $\text{Str}_{\text{Zufall}} = 1074 \, (\text{dt/ha})^2 - 644 \, (\text{dt/ha})^2$
$\qquad\qquad\quad = 430 \, (\text{dt/ha})^2$

2. Schritt: Aus der Streuung die empirische Varianz ableiten
Es gilt

$$\text{empirische Varianz} = \frac{\text{Streuung}}{\text{Anzahl der Freiheitsgrade}} \tag{57}$$

Definition
Freiheitsgrad

mit

$$\begin{array}{l} \text{Anzahl der} \\ \text{Freiheitsgrade} \\ \text{einer Größe} \end{array} = \begin{array}{l} \text{Anzahl der voneinander} \\ \text{unabhängigen Werte, die in die} \\ \text{Berechnung der betreffenden} \\ \text{Größe eingehen} \end{array} - \begin{array}{l} \text{Anzahl der} \\ \text{abhängigen} \\ \text{Werte} \end{array} \tag{58}$$

Ein Beispiel ist die Berechnung der empirischen Varianz der Einzelwerte (Gleichung 37):

$$s^2 = \frac{1}{n-1} \sum_{i=1}^{n} (x_i - \overline{x})^2$$

Zunächst wird die Summe der quadrierten Abweichungen der Einzelwerte x_i von ihrem Mittelwert $\overline{x}$ gebildet; diese wird dann durch die Anzahl ihrer Freiheitsgrade geteilt. In die Berechnung gehen die n voneinander unabhängigen Einzelwerte sowie der von ihnen abhängige Mittelwert ein. Die Anzahl der Freiheitsgrade beträgt daher $n - 1$.

In die Berechnung der faktorbedingten Streuung $\text{Str}_{\text{Faktor}}$ (Gleichung 55) gehen als voneinander unabhängige Werte die k Faktorstufenmittelwerte ein. Gleichung 55 enthält außerdem den Mittelwert $\overline{x}$ aus allen Merkmalswerten. Wenn sich einer der Faktorstufenmittelwerte ändert, so ist dies darauf zurückzuführen, dass sich mindestens ein Merkmalswert geändert hat. Damit ändert sich aber auch $\overline{x}$. $\overline{x}$ ist also nicht unabhängig von den Faktorstufenmittelwerten.

faktorbedingte
Varianz

Die Anzahl der Freiheitsgrade von $\text{Str}_{\text{Faktor}}$ beträgt daher $k - 1$ und die faktorbedingte Varianz der Merkmalswerte ergibt sich als

$$s_{\text{Faktor}}^2 = \frac{\text{Str}_{\text{Faktor}}}{k - 1} \tag{59}$$

zufallsbedingte Varianz

Die zufallsbedingte Streuung S_{Zufall} (Gleichung 56) berechnet sich aus den N unabhängigen Merkmalswerten und den k von den Merkmalswerten abhängigen Faktorstufenmittelwerten. Ihre Varianz ist daher

$$s_{\text{Zufall}}^2 = \frac{\text{Str}_{\text{Zufall}}}{N - k} \tag{60}$$

Beispiel: $s_{\text{Faktor}}^2 = 644 \ (\text{dt/ha})^2 / (3 - 1)$
$\qquad\qquad = 322 \ (\text{dt/ha})^2$
$\qquad s_{\text{Zufall}}^2 = 430 \ (\text{dt/ha})^2 / (11 - 1)$
$\qquad\qquad = 54 \ (\text{dt/ha})^2$

3. Schritt: F-Test
Die empirischen Varianzen s_{Faktor}^2 und s_{Zufall}^2 sind Werte zweier Zufallsvariablen S_{Faktor}^2 und S_{Zufall}^2 mit den Erwartungswerten σ_{Faktor}^2 und σ_{Zufall}^2. Von einem Einfluss des Faktors auf die Merkmalswerte (hier: einem Einfluss der Sorte auf den Ertrag) kann man dann sprechen, wenn die auf den Faktor zurückzuführende Varianz σ_{Faktor}^2 der Grundgesamtheit größer als die zufällig auftretende Varianz σ_{Zufall}^2 der Grundgesamtheit ist.

einseitiger F-Test

Dem Vergleich zweier Varianzen dient der bereits vorgestellte F-Test (Abschnitt 4.3.2). Der Verdacht, der sich aufgrund der empirischen Varianzen s_{Faktor}^2 und s_{Zufall}^2 ergibt, lautet $\sigma_{\text{Faktor}}^2 > \sigma_{\text{Zufall}}^2$. Er dient als Alternativhypothese. Die Nullhypothese $\sigma_{\text{Faktor}}^2 \le \sigma_{\text{Zufall}}^2$ ist das logische Gegenteil der Alternativhypothese und drückt aus, dass der Einfluss des Faktors als vernachlässigbar angesehen werden kann:

$$H_0: \sigma_{\text{Faktor}}^2 \le \sigma_{\text{Zufall}}^2$$
$$H_1: \sigma_{\text{Faktor}}^2 > \sigma_{\text{Zufall}}^2$$

Es handelt sich hierbei also um einen einseitigen F-Test.
Die Irrtumswahrscheinlichkeit sei wieder mit α bezeichnet. Der Prüfwert ergibt sich als

$$F = \frac{s_{\text{Faktor}}^2}{s_{\text{Zufall}}^2} \tag{61}$$

Falls die Nullhypothese zutrifft, ist F der Wert einer F-verteilten Zufallsvariablen mit den Freiheitsgraden $f_1 = k - 1$ und $f_2 = N - k$. Der Anteil γ $= 1 - \alpha$ aller Werte einer solchen Zufallsvariablen fällt in das Intervall $[-\infty; Q_\gamma]$, wobei Q_γ das γ-Quantil der Verteilung ist. Falls $F \le Q_\gamma$ ist, wird die Nullhypothese beibehalten. In diesem Fall lassen die Versuchsdaten nicht den Schluss zu, dass der Faktor einen signifikanten Einfluss auf das untersuchte Merkmal hat.

Beispiel: α = 0,05

$$F = \frac{322}{54}$$

$$= 6,0$$

$f_1 = 2$, $f_2 = 8 \Rightarrow Q_{0,95} = 4,5$ (Tabelle 34 im Anhang D, Excel: F.INV(0,95;2;8))

$F > Q_{0,95} \Rightarrow$ Die Nullhypothese wird verworfen. Die Versuchsdaten deuten darauf hin, dass die Erwartungswerte des Ertrags der drei Weizensorten nicht alle gleich sind.

4.4.2 Multipler Mittelwertvergleich

Falls die Schlussfolgerung aus der einfaktoriellen Varianzanalyse lautet, dass der Faktor das Merkmal beeinflusst, dass die Nullhypothese also abzulehnen ist, ist damit noch nicht klar, welche der Erwartungswerte $\mu_1 = \mu_2 = ... = \mu_k$ sich signifikant voneinander unterscheiden. Dies ist im Anschluss an die einfaktorielle Varianzanalyse durch einen multiplen Mittelwertvergleich zu klären.

Im Folgenden wird der **Scheffé-Test** vorgestellt. Neben diesem existieren weitere Verfahren, um den multiplen Mittelwertvergleich durchzuführen. Ein Vorteil des Scheffé-Tests ist, dass er auch auf **unbalancierte Stichproben**, das heißt Stichproben mit unterschiedlichem Umfang, angewendet werden darf, so wie es im Beispiel des Abschnitts 4.4.1 der Fall ist.

Scheffé-Test

Die Stichproben- beziehungsweise Faktorstufenmittelwerte $\bar{x}_i$ werden paarweise miteinander verglichen. Dazu bildet man den Betrag ihrer Differenz.

Beispiel: $\bar{x}_1 = 72$ dt/ha, $\bar{x}_2 = 77$ dt/ha, $\bar{x}_3 = 58$ dt/ha
$|\bar{x}_1 - \bar{x}_2| = 5$ dt/ha
$|\bar{x}_1 - \bar{x}_3| = 14$ dt/ha
$|\bar{x}_2 - \bar{x}_3| = 19$ dt/ha

Diese Werte werden mit der so genannten **Grenzdifferenz** verglichen. Beim Scheffé-Test ist sie definiert als

Grenzdifferenz

$$g_{ij} = \sqrt{(k-1)\left(\frac{1}{n_i} + \frac{1}{n_j}\right)s_{Zufall}^2\,Q_\gamma} \qquad (62)$$

mit
- k: Gesamtzahl der Faktorstufen beziehungsweise Stichproben
- n_i, n_j: Umfang der beiden miteinander zu vergleichenden Stichproben i und j

- s_{Zufall}^2: zufallsbedingte empirische Varianz (Gleichung 60)
- Q_γ: γ-Quantil der F-Verteilung mit den Freiheitsgraden $f_1 = k - 1$ und $f_2 = N - k$ (N: Gesamtzahl der Merkmalswerte).

Man kann also auf Größen zurückgreifen, die bereits im Rahmen der einfaktoriellen Varianzanalyse ermittelt worden sind. Im Sonderfall, dass alle Stichproben gleich groß sind, muss außerdem nur ein einziger Wert der Grenzdifferenz berechnet werden.

Die Differenz zwischen zwei Mittelwerten wird dann als signifikant bewertet, wenn ihr Betrag größer als die Grenzdifferenz ist. Die Irrtumswahrscheinlichkeit ist dabei diejenige der Varianzanalyse.

Tabelle 26 zeigt das Ergebnis für die Daten aus Tabelle 25.

Tab. 26: Multipler Mittelwertvergleich (Scheffé-Test) für die Daten aus Tabelle 25.

Faktoren	Betrag der Differenz (dt/ha)	Grenz- differenz (dt/ha)	signifikanter Unterschied ja	nein
1 und 2	5	16		x
1 und 3	14	17		x
2 und 3	19	17	x	

Nur wenn eine Entscheidung zwischen den Weizensorten 2 und 3 zu treffen wäre, sollte hinsichtlich des zu erwartenden Ertrags eine Sorte bevorzugt werden, nämlich Sorte 2.

Der Scheffé-Test ist konservativ, das heißt eher vorsichtig in der Ausweisung signifikanter Unterschiede zwischen Stichprobenmittelwerten. Dies kann dazu führen, dass er trotz Ablehnung der Nullhypothese in der einfaktoriellen Varianzanalyse keine signifikanten Unterschiede zwischen irgendwelchen Mittelwerten zeigt. In diesem Fall muss auf ein anderes Verfahren für den multiplen Mittelwertvergleich zurückgegriffen werden.

4.5 Anpassungs- beziehungsweise Verteilungstest (Chi-Quadrat-Test)

Bisher wurde stets vorausgesetzt, dass die untersuchten Daten normalverteilt sind. Der Chi-Quadrat-Test erlaubt es zu prüfen, ob Daten einer bestimmten Verteilung folgen. Er gehört daher zur Kategorie der Verteilungstests.

Beispiel Drillsaat

Beispielhaft werden Messwerte des Kornabstands bei Normal- beziehungsweise Drillsaat betrachtet (Foto 3). In einem Feldversuch sind n = 200 Kornabstände gemessen worden. Tabelle 27 zeigt die empirische Häufigkeitsverteilung des Kornabstands in Intervallen von 1 cm Breite.

Foto 3:
Drillmaschine.

Tab. 27: Häufigkeitsverteilung einer Stichprobe von 200 Kornabständen nach Drillsaat.

i	Abstand (cm)	empirische abs. Häufigkeit n_i
1	[0; 1]	58
2	]1; 2]	47
3	]2; 3]	22
4	]3; 4]	26
5	]4; 5]	10
6	]5; 6]	12
7	]6; 7]	7
8	]7; 8]	6
9	]8; 9]	1
10	]9; 10]	5
11	]10; 11]	2
12	]11; 12]	2
13	]12; 13]	1
14	]13; 14]	0
15	]14; 15]	1

Diese erste Auswertung zeigt bereits, dass der Kornabstand bei Drillsaat
einer anderen Verteilung folgt als bei Einzelkornsaat (Abschnitt 4.2.4). Das

Histogramm (Abb. 33) verdeutlicht dies noch einmal optisch. Die meisten Saatkörner liegen dicht beieinander; größere Abstände treten mit tendenziell geringer werdender Wahrscheinlichkeit auf. Die Abnahme der Wahrscheinlichkeit mit dem Abstand scheint näherungsweise einer Exponentialfunktion mit negativem Exponenten zu folgen.

Abb. 33:
Histogramm zur Häufigkeitsverteilung in Tabelle 27.

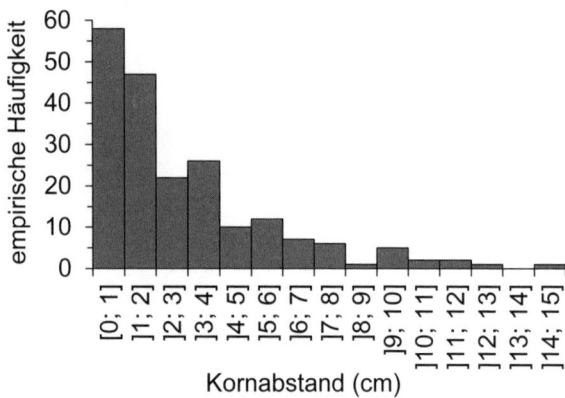

Die Vermutung, die nachfolgend geprüft werden soll, lautet, dass die vorliegende Zufallsvariable durch die **Exponentialverteilung** beschrieben wird. Die Wahrscheinlichkeitsdichtefunktion der Exponentialverteilung ist definiert als

$$f(x) = \begin{cases} \lambda\, e^{-\lambda x} & \text{für } x \geq 0 \\ 0 & \text{für } x < 0 \end{cases} \tag{63}$$

Sie besitzt einen einzigen Parameter λ. Der Erwartungswert einer exponentialverteilten Zufallsvariablen X ist

$$E(X) = \mu = \frac{1}{\lambda} \tag{64}$$

λ ist also der Kehrwert des Erwartungswertes μ. Als Näherungswert für den Erwartungswert wurde bereits der empirische Mittelwert $\bar{x}$ eingeführt (Gleichung 36). Einen Schätzwert $\hat{\lambda}$ (gesprochen: „Lambda Dach") für den Parameter λ erhält man damit als

$$\hat{\lambda} = \frac{1}{\bar{x}} \quad \text{mit } \bar{x} = \frac{1}{n}\sum_{i=1}^{n} x_i \tag{65}$$

Die Verteilungsfunktion der Exponentialverteilung berechnet sich gemäß Gleichung 34 als

$$F(x_0) = \int_{-\infty}^{x_0} f(x)\, dx$$

$$= \lambda \int_{0}^{x_0} e^{-\lambda x}\, dx$$

$$= \lambda \left[-\frac{1}{\lambda} e^{-\lambda x} \right]_{0}^{x_0}$$

$$= 1 - e^{-\lambda x_0} \tag{66}$$

Wahrscheinlichkeitsdichte- und Verteilungsfunktion der Exponentialverteilung zu den Messwerten in Tabelle 27 sind in Abbildung 34 dargestellt.

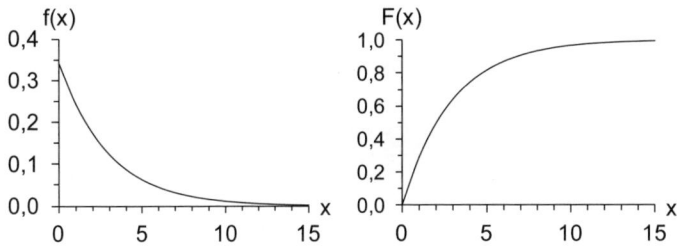

Abb. 34:
Beispiel für die Wahrscheinlichkeitsdichte- und Verteilungsfunktion der Exponentialverteilung.

Durch den **Chi-Quadrat-Test** wird geprüft, ob die Verteilungsfunktion $F(x)$ der Zufallsvariablen X einer vorgegebenen Verteilungsfunktion $F_0(x)$ entspricht. $F_0(x)$ kann die Verteilungsfunktion der Normalverteilung, der Exponentialverteilung oder sonst irgendeiner Wahrscheinlichkeitsverteilung sein. Null- und Alternativhypothese lauten:

H_0: Verteilungsfunktion $F(x)$ der Zufallsvariablen X
= Verteilungsfunktion $F_0(x)$

H_1: Verteilungsfunktion $F(x)$ der Zufallsvariablen X
≠ Verteilungsfunktion $F_0(x)$

Der Test läuft in fünf Schritten ab:

Ablauf des Tests in fünf Schritten

1. Schritt: Absolute Häufigkeit n_i der n Messwerte in k Klassen beziehungsweise Intervallen ermitteln (i = 1, ..., k) (Tab. 27).

2. Schritt: Null- und Alternativhypothese formulieren und Parameter der hypothetischen Verteilungsfunktion $F_0(x)$ mithilfe der Messwerte abschätzen.

Im Beispiel ist $F_0(x)$ die Verteilungsfunktion der Exponentialverteilung. Der empirische Mittelwert der 200 Messwerte beträgt $\bar{x} = 2{,}9$ cm.

Daraus ergibt sich gemäß Gleichung 65 der Schätzwert $\hat{\lambda} = 0{,}34 \text{ cm}^{-1}$ für den Parameter λ.

3. Schritt: Auf Basis der Verteilungsfunktion $F_0(x)$ hypothetische absolute Häufigkeiten n_i^* in den vorgegebenen k Klassen berechnen.

*hypothetische abso-
lute Häufigkeiten*

Falls die Nullhypothese gilt, lässt sich die Wahrscheinlichkeit p_i, mit der die Werte der Zufallsvariablen in das Intervall i fallen, gemäß Gleichung 34 aus der Verteilungsfunktion $F_0(x)$ berechnen als

$p_i = F_0$(obere Begrenzung von Intervall i)
    $- F_0$(untere Begrenzung von Intervall i)

Bei einer Stichprobe vom Umfang n erwartet man dann

$$n_i^* = p_i\, n \tag{67}$$

Messwerte in jedem Intervall. Im Drillsaatversuch ergibt sich gemäß Gleichung 66 zum Beispiel

$$
\begin{aligned}
n_1^* &= [(1 - e^{-0{,}34\,\text{cm}^{-1} \cdot 1\,\text{cm}}) - (1 - e^{-0{,}34\,\text{cm}^{-1} \cdot 0\,\text{cm}})] \cdot 200 \\
&= [e^{-0{,}34\,\text{cm}^{-1} \cdot 0\,\text{cm}} - e^{-0{,}34\,\text{cm}^{-1} \cdot 1\,\text{cm}}] \cdot 200 \\
&= 58
\end{aligned}
$$

*Excel-Funktion
EXPON.VERT*

In Excel erhält man Werte der Verteilungsfunktion der Exponentialverteilung mithilfe der Funktion EXPON.VERT (ab Excel2010, davor EXPON-VERT). Die ermittelten hypothetischen absoluten Häufigkeiten sind in der Tabelle 28 aufgeführt. Abbildung 35 zeigt das zugehörige Histogramm.

Abb. 35:
*Histogramm der hy-
pothetischen Häufig-
keitsverteilung.*

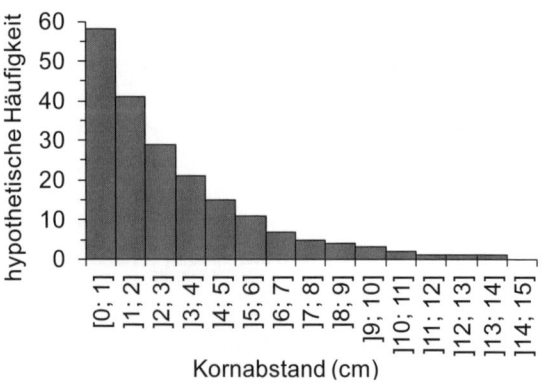

Die tatsächlichen Häufigkeiten n_i weichen in der Regel von den hypothetischen Werten n_i^* ab. Je größer diese Abweichung ist, desto geringer ist die Wahrscheinlichkeit, dass die Nullhypothese zutrifft.

Tab. 28: Empirische und hypothetische Häufigkeitsverteilung des Kornabstands bei Drillsaat.

i	Abstand (cm)	empirische abs. Häufigkeit n_i	hypothetische abs. Häufigkeit n_i^*
1	[0; 1]	58	58
2	]1; 2]	47	41
3	]2; 3]	22	29
4	]3; 4]	26	21
5	]4; 5]	10	15
6	]5; 6]	12	10
7	]6; 7]	7	7
8	]7; 8]	6	5
9	]8; 9]	1	4
10	]9; 10]	5	3
11	]10; 11]	2	2
12	]11; 12]	2	1
13	]12; 13]	1	1
14	]13; 14]	0	1
15	]14; 15]	1	0

4. Schritt: Intervalle so zusammenfassen, dass die hypothetische absolute Häufigkeit überall mindestens 5 beträgt (Tabelle 29)

Tab. 29: Ergebnis der Zusammenfassung von Intervallen in Tabelle 28.

i	Abstand (cm)	empirische abs. Häufigkeit n_i	hypothetische abs. Häufigkeit n_i^*
1	[0; 1]	58	58
2	]1; 2]	47	41
3	]2; 3]	22	29
4	]3; 4]	26	21
5	]4; 5]	10	15
6	]5; 6]	12	10
7	]6; 7]	7	7
8	]7; 8]	6	5
9	]8; 10]	6	7
10	]10; 15]	6	5

Die Anzahl der Intervalle beziehungsweise Klassen reduziert sich dadurch von k auf k^*, im Beispiel von 15 auf 10.

5. Schritt: Aus den Differenzen $n_i - n_i^*$ ein Maß für die Übereinstimmung zwischen empirischer und hypothetischer Häufigkeit ableiten

Zunächst wird für jedes Intervall i (i = 1,..., k*) die Differenz $n_i - n_i^*$ berechnet. Als Maß für die Übereinstimmung zwischen empirischer und hypothetischer Häufigkeit dient die Summe der quadrierten Abweichungen, wobei allerdings zu berücksichtigen ist, dass die Differenz umso weniger ins Gewicht fällt, je größer die Anzahl der Werte in dem betreffenden Intervall ist. Daher wird jedes Abweichungsquadrat $(n_i - n_i^*)^2$ noch durch n_i^* dividiert. Damit erhält man den Prüfwert

Prüfwert

$$\hat{\chi}^2 = \sum_{i=1}^{n} \frac{(n_i - n_i^*)^2}{n_i^*} \tag{68}$$

(gesprochen „Chi Quadrat Dach"). Tabelle 30 zeigt die Berechnungen für das Beispiel des Drillsaatversuchs. Der Prüfwert $\hat{\chi}^2$ beträgt in diesem Fall 6,4.

Tab. 30: Berechnung der quadrierten Abweichungen zwischen empirischer und hypothetischer Häufigkeit.

i	Abstand (cm)	empirische abs. Häufigkeit n_i	hypothetische abs. Häufigkeit n_i^*	$n_i - n_i^*$	$(n_i - n_i^*)^2/n_i^*$
1	[0; 1]	58	58	0	0,00
2	]1; 2]	47	41	6	0,88
3	]2; 3]	22	29	−7	1,69
4	]3; 4]	26	21	5	1,19
5	]4; 5]	10	15	−5	1,67
6	]5; 6]	12	10	2	0,40
7	]6; 7]	7	7	0	0,00
8	]7; 8]	6	5	1	0,20
9	]8; 10]	6	7	−1	0,14
10	]10; 15]	6	5	1	0,20

Im Idealfall vollkommener Übereinstimmung wäre der Prüfwert Null. Im Allgemeinen ist dies jedoch nicht der Fall. Es stellt sich dann die Frage, ob $\hat{\chi}^2$ signifikant oder nur zufällig größer als Null ist.

Hier wie bei den anderen bereits vorgestellten Tests ist der Prüfwert so berechnet worden, dass er unter Voraussetzung der Nullhypothese dem Wert einer Zufallsvariablen mit bekannter Verteilungsfunktion entspricht: Falls die Nullhypothese zutrifft und die Anzahl n der Messwerte genügend groß ist (Faustregel: n > 50), stellt $\hat{\chi}^2$ den Wert einer Zufallsvariablen dar, die der **Chi-Quadrat-Verteilung** folgt. Die Chi-Quadrat-Verteilung hat ebenso wie die F- oder die Exponentialverteilung eine asymmetrische Wahrscheinlichkeitsdichte- und Verteilungsfunktion, die nur für positive Werte der Zufallsvariablen größer als Null sind (Abb. 36). Ihr einziger Parameter ist der Freiheitsgrad

$f = k^* - 1 -$ Anzahl der empirisch bestimmten Parameter
der hypothetischen Verteilung (69)

Im Beispiel ist $k^* = 10$ und es ist genau ein Parameter der hypothetischen Verteilung, nämlich der Parameter λ der Exponentialverteilung, empirisch bestimmt worden. Der Freiheitsgrad der Chi-Quadrat-Verteilung beträgt daher $f = 8$.

Damit kann jetzt der eigentliche Test durchgeführt werden. Im vorliegenden Fall wird die Irrtumswahrscheinlichkeit $\alpha = 0,05$ gewählt. Die Nullhypothese wird abgelehnt, falls der Prüfwert $\hat{\chi}^2 = 6,4$ zu groß ist. Als zu groß wird der Prüfwert beurteilt, wenn er wenig wahrscheinlich für eine $\hat{\chi}^2$-verteilte Zufallsvariable mit dem Freiheitsgrad $f = 8$ ist, das heißt außerhalb desjenigen Intervalls liegt, in das die Werte einer $\hat{\chi}^2$-verteilten Zufallsvariable des Freiheitsgrads $f = 8$ mit der Wahrscheinlichkeit $\gamma = 1 - \alpha = 0,95$ fallen. Dieses Intervall wird durch das 0,95-Quantil der Verteilung begrenzt, dessen Wert $Q_{0,95} = 15,5$ beträgt (Abb. 36, Tabelle 38 im Anhang D, Excel: CHIQU.INV(0,95;8)).

Quantile der Chi-Quadrat-Verteilung: Anhang D Excel-Funktion CHIQU.INV

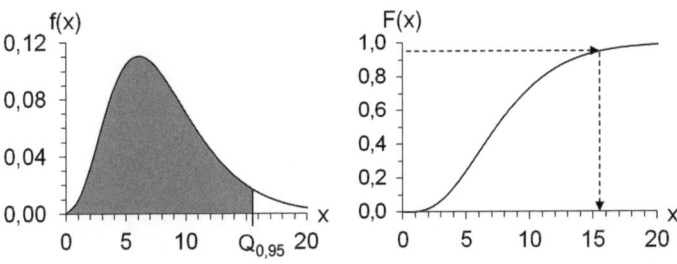

Abb. 36:
0,95-Quantil der Chi-Quadrat-Verteilung mit f = 8.

Es ist $\hat{\chi}^2 \le Q_{0,95}$. Der Wert $\hat{\chi}^2 = 6,4$ ist für eine $\hat{\chi}^2$-verteilte Zufallsvariable mit dem Freiheitsgrad $f = 8$ also nicht ungewöhnlich. Er liegt in demjenigen Intervall, in das im statistischen Mittel 95% der Werte der Zufallsvariablen fallen. Es gibt daher keinen Anlass, die Nullhypothese zu verwerfen. Die Versuchsdaten sprechen nicht gegen die Vermutung, dass die Saatkornabstände bei Drillsaat exponentialverteilt sind.

Viele Tests dürfen nur dann angewendet werden, wenn die Zufallsvariable einer bestimmten Verteilung folgt. So dürfen beispielsweise mit dem Parametertest für den Erwartungswert (Abschnitt 4.2.4) und dem F-Test (Abschnitt 4.3.2) nur normalverteilte Zufallsvariablen untersucht werden. Der Chi-Quadrat-Test kann dazu dienen, diese Voraussetzung zu überprüfen. In diesem Fall wäre es besonders kritisch, wenn die Nullhypothese irrtümlich beibehalten würde. Der weiterführende Test würde dann nämlich unter einer falschen Voraussetzung durchgeführt. Die Wahrscheinlichkeit für den Fehler 2. Art kann aber nur auf eine Weise verringert werden: Indem man die Wahrscheinlichkeit für den Fehler 1. Art, das heißt dafür, die Nullhypothese irrtümlich zu verwerfen, erhöht (Abschnitt 4.2.5). Es ist in diesem Fall also ein hoher Wert für die Irrtumswahrscheinlichkeit α zu wählen. In der Tabelle der Quantile der Chi-Quadrat-Verteilung (Anhang D) sind daher auch Werte für $\gamma = 1 - \alpha = 0{,}50$ und $\gamma = 0{,}10$ aufgeführt.

Ein hoher Wert für die Irrtumswahrscheinlichkeit bedeutet allerdings eine hohe Wahrscheinlichkeit dafür, dass die Nullhypothese irrtümlich verworfen wird und damit der nachfolgende verteilungsgebundene Test nicht zulässig erscheint. Ein Ausweg besteht in dieser Situation darin, statt des verteilungsgebundenen Tests einen so genannten verteilungsfreien Test zu wählen, das heißt einen Test, dessen Anwendbarkeit nicht vom Vorliegen einer bestimmten Verteilung abhängt.

4.6 Zusammenfassung: Durchführung eines statistischen Tests

1. Nullhypothese H_0 und Alternativhypothese H_1 formulieren
2. Irrtumswahrscheinlichkeit α festlegen
3. Prüfwert $\hat{x}$ ermitteln (Tab. 31)

Der Prüfwert $\hat{x}$ stellt den Wert einer Zufallsvariablen X dar. Diese wird so berechnet, dass sie, falls die Nullhypothese zutrifft, eine bekannte Verteilungsfunktion F(x) besitzt.

4. Quantil(e) der Prüfvariablen X bestimmen

zweiseitiger Test: Quantile $Q_{\alpha/2}$ und $Q_{1-\alpha/2}$
einseitiger Test: Quantil Q_α oder $Q_{1-\alpha}$

Übungsaufgabe

Eine Übungsaufgabe hierzu findet sich im Anhang (Aufgabe E.3).

5. Testentscheid

Da X eine Zufallsvariable ist, streuen ihre Werte. Falls die Nullhypothese zutrifft, fallen sie mit der Wahrscheinlichkeit γ in das Intervall $[Q_{\alpha/2}; Q_{1-\alpha/2}]$ beziehungsweise in das Intervall $[-\infty; Q_{1-\alpha}]$ beziehungsweise in das Intervall $[Q_\alpha; \infty]$. Welches Intervall betrachtet wird, hängt davon ab, ob der Test zweiseitig oder einseitig ausgeführt wird. Die Wahrscheinlichkeit dafür, dass ein Wert von X bei Gültigkeit der Nullhypothese zufällig außerhalb des betreffenden Intervalls liegt, ist gering ($\alpha = 1 - \gamma$). Liegt der Prüfwert $\hat{x}$ außerhalb des Annahmeintervalls, so ist dies Anlass, H_0 anzuzweifeln und zu Gunsten der Alternativhypothese zu verwerfen. In allen anderen Fällen wird H_0 beibehalten.

Kriterium für die Beibehaltung der Nullhypothese:
- zweiseitiger Test: $\hat{x}$ liegt innerhalb des Intervalls $[Q_{\alpha/2}; Q_{1-\alpha/2}]$.
- rechtsseitiger Test: $\hat{x}$ liegt innerhalb des Intervalls $[-\infty; Q_{1-\alpha}]$.
- linksseitiger Test: $\hat{x}$ liegt innerhalb des Intervalls $[Q_\alpha; \infty]$.

Tab. 31: Zusammenfassung von Informationen zu statistischen Tests.

Test	Voraussetzungen/Empfehlungen	Prüfwert
Parametertest für den Erwartungswert (Abschnitte 4.2.4 und 4.2.5)	Die Zufallsvariable X ist normalverteilt.	$t = \dfrac{\bar{x} - \mu_0}{s/\sqrt{n}}$ (Gleichung 43)
F-Test (Abschnitt 4.3.2)	Die beiden Zufallsvariablen X_1 und X_2 sind normalverteilt und unabhängig voneinander.	$F = \dfrac{s_1^{\,2}}{s_2^{\,2}}$ (Gleichung 46)
t-Test (Abschnitt 4.3.3)	Die beiden Zufallsvariablen X_1 und X_2 • sind normalverteilt • sind unabhängig voneinander • besitzen dieselbe Varianz.	$t = \dfrac{\bar{x}_1 - \bar{x}_2}{\sqrt{\dfrac{s_1^{\,2}}{n_1} + \dfrac{s_2^{\,2}}{n_2}}}$ (Gleichungen 52 und 53)
einfaktorielle Varianzanalyse (Abschnitt 4.4)	• Die Daten in den k Stichproben sind normalverteilt. • Jede der Normalverteilungen hat dieselbe Varianz. • Die Stichproben sind unabhängig voneinander.	$F = \dfrac{s_{\text{Faktor}}^{\,2}}{s_{\text{Zufall}}^{\,2}}$ (Gleichung 61)
Chi-Quadrat-Test (Abschnitt 4.5)	• Anzahl der Messwerte möglichst größer als 50 • hypothetische absolute Häufigkeit in jeder Klasse mindestens 5	$\hat{\chi}^2 = \displaystyle\sum_{i=1}^{n} \dfrac{(n_i - n_i^*)^2}{n_i^*}$ (Gleichung 68)

5 Korrelations- und Regressionsanalyse

Bislang ging es darum, eine einzelne Zufallsvariable zu charakterisieren oder mehrere voneinander unabhängige Variablen zu vergleichen. Thema des Abschnitts 5 sind dagegen stetige Variablen, die voneinander abhängen. Die Korrelationsanalyse dient dazu, das Ausmaß des Zusammenhangs abzuschätzen, die Regressionsanalyse dazu, diesen Zusammenhang mathematisch zu formulieren.

5.1 Korrelation

Beispiel
N-Steigerungsversuch

Als Beispiel dienen die (fiktiven) Ergebnisse eines N-Steigerungsversuchs (Tab. 32). In diesem wurde untersucht, wie der Ertrag von Winterweizen vom Ausmaß der Düngung mit Stickstoff (chemisches Symbol: N) abhängt.

Tab. 32: Daten eines N-Steigerungsversuchs.	
Düngung (kg N/ha)	Ertrag (t/ha)
0	5,5
20	5,9
40	7,3
60	7,6
80	8,0
100	7,8
120	9,0

Offenbar steigt der Ertrag mit der Intensität der Düngung. Trägt man die Werte y_i für den Ertrag gegen die Werte x_i der Düngung auf, so erhält man ein so genanntes **Streudiagramm**. In diesem streuen die Messpunkte scheinbar um eine Gerade (Abb. 37), die so genannte **Ausgleichs-** oder **Regressionsgerade**. Es liegt daher nahe anzunehmen, dass zwischen den

Variablen X und Y ein linearer Zusammenhang besteht beziehungsweise dass sich dieser Zusammenhang durch eine Geradengleichung der Form

$$Y = a X + b \qquad (70)$$

beschreiben lässt. Gelingt es, die beiden Parameter a und b zu bestimmen, so erlaubt es diese Gleichung, den Ertrag bei einer vorgegebenen Intensität der Düngung rechnerisch abzuschätzen.

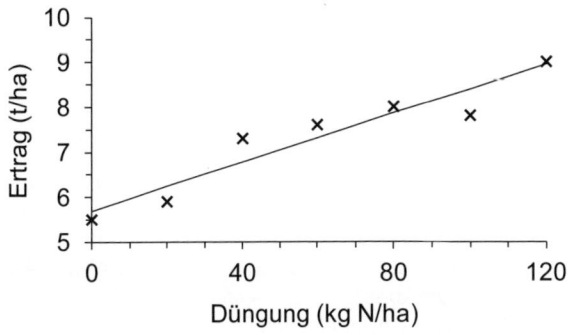

Abb. 37:
Grafische Darstellung der Werte aus Tabelle 32 und Regressionsgerade.

Je geringer die Streuung der Punkte $(x_i; y_i)$ um die Ausgleichs- beziehungsweise Regressionsgerade, desto stärker ist der Zusammenhang. Dies verdeutlicht Abbildung 38: Liegen alle Messpunkte exakt auf einer Geraden, so lässt sich jedem Wert x genau ein Wert y zuordnen. In diesem Fall herrscht ein eindeutiger Zusammenhang zwischen den Variablen X und Y. Streuen die Messpunkte dagegen um die Gerade, so ist die Zuordnung nicht mehr eindeutig und der Zusammenhang damit schwächer.

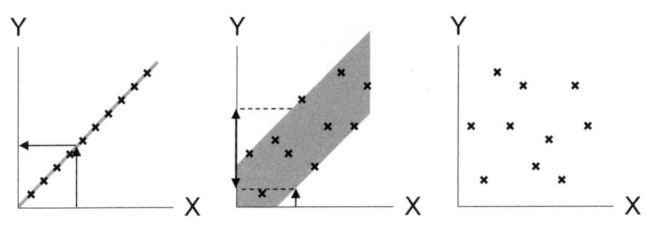

Abb. 38:
Grafische Darstellung von Zusammenhängen unterschiedlicher Stärke.
Links: eindeutiger Zusammenhang,
Mitte: schwächerer Zusammenhang,
rechts: kein Zusammenhang.

Als Maß für die Streuung von Variablen ist bereits die Varianz eingeführt worden. Die empirische Varianz der Variablen X ist

$$s_x^2 = \frac{1}{n-1} \sum_{i=1}^{n} (x_i - \overline{x})^2$$

Die empirische Varianz der Variablen Y ist

$$s_y^2 = \frac{1}{n-1} \sum_{i=1}^{n} (y_i - \overline{y})^2$$

Definition empirische Kovarianz

Um den Zusammenhang zwischen beiden Variablen zu charakterisieren, berechnet man eine Größe, die der empirischen Varianz ähnlich ist, in die aber die Abweichungen beider Variablen von ihrem Mittelwert eingehen, nämlich die so genannte empirische **Kovarianz.**

$$s_{xy} = \frac{1}{n-1} \sum_{i=1}^{n} (x_i - \overline{x})(y_i - \overline{y}) \tag{71}$$

Ein hoher Wert der Kovarianz ergibt sich dann, wenn große Abweichungen der einen Variablen von ihrem Mittelwert mit großen Abweichungen der anderen Variablen von ihrem Mittelwert zusammenfallen. Genau dann liegt die Vermutung nahe, dass zwischen beiden Variablen ein Zusammenhang bestehen könnte.
Im Fall des N-Steigerungsversuchs ergibt sich beispielsweise

$$s_{xy} = 50{,}0 \, \frac{\text{kgN} \cdot \text{t}}{\text{ha}^2}$$

Probleme der Verwendung der Kovarianz

Daran zeigen sich zwei Probleme der Verwendung der Kovarianz:
- Die Kovarianz kann beliebige Werte annehmen. Erhöht man beispielsweise die Anzahl der Messwerte, aus denen sie berechnet wird, so nimmt sie zu, obwohl sich durch die zusätzlichen Messungen nichts an dem zu beschreibenden Zusammenhang ändert. Ein einzelner Kovarianzwert ist daher ohne eine Möglichkeit des Vergleichs mit anderen Kovarianzen wenig aussagekräftig.
- Die Kovarianz ist im Allgemeinen nicht dimensionslos. Wird der Ertrag nicht nur zur Düngung, sondern beispielsweise auch zur Niederschlagsmenge in Beziehung gesetzt, so liegen anschließend zwei Kovarianzwerte in unterschiedlichen Einheiten vor. Wie sollen diese miteinander verglichen werden?

Definition Korrelationskoeffizient

Die Lösung dieser Probleme besteht in einer Normierung der Kovarianz. Dazu wird sie durch die Standardabweichungen s_x und s_y geteilt. Die resultierende Größe bezeichnet man als den **Korrelationskoeffizienten r** der beiden Variablen X und Y:

$$r = \frac{s_{xy}}{s_x \, s_y} \tag{72}$$

$$= \frac{\sum\limits_{i=1}^{n} (x_i - \overline{x})(y_i - \overline{y})}{\sqrt{\sum\limits_{i=1}^{n}(x_i - \overline{x})^2 \sum\limits_{i=1}^{n}(y_i - \overline{y})^2}}$$

Der Korrelationskoeffizient ist dimensionslos, das heißt er stellt einen einfachen Zahlenwert ohne Einheit dar. Ferner ist sein Wertebereich beschränkt auf das Intervall [−1, +1] (Abb. 39).

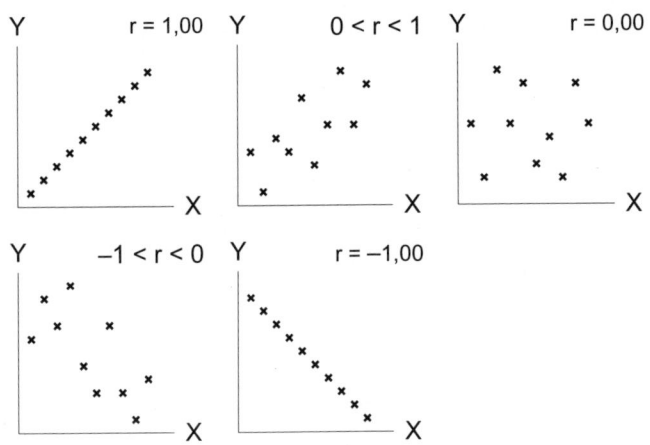

Abb. 39:
Korrelationskoeffizient für unterschiedliche funktionale Zusammenhänge.

Häufig wird statt des Korrelationskoeffizienten r auch sein Quadrat, das so genannte **Bestimmtheitsmaß** r^2 mit dem Wertebereich [0; 1] angegeben.

    Im Fall eines eindeutigen Zusammenhangs zwischen den Variablen X und Y – alle Wertepaare (x_i; y_i) liegen auf einer Geraden – nimmt r den Wert +1 oder −1 an. Für schwächere Zusammenhänge ist | r | < 1. Falls keinerlei Zusammenhang besteht, so ist r = 0. Dabei ist allerdings zu beachten, dass diese Aussagen immer nur unter der Voraussetzung gelten, dass ein linearer Zusammenhang beschrieben werden soll. Abbildung 40 zeigt zwei Beispiele, in denen zwar r = 0, aber dennoch ein funktionaler Zusammenhang zwischen X und Y erkennbar ist, einmal in Form einer sinusähnlichen Funktion und einmal in Form einer Parabel beziehungsweise eines Polynoms zweiten Grades. Der Korrelationskoeffizient eignet sich nur zur Beschreibung eines linearen Zusammenhangs!

Definition
Bestimmtheitsmaß

Der Korrelationskoeffizient eignet sich nur zur Beschreibung eines linearen Zusammenhangs.

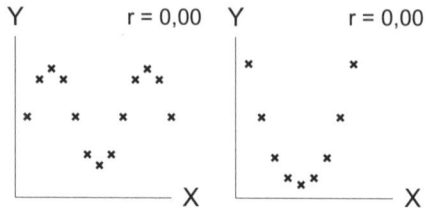

Ferner beweist eine hohe Korrelation keineswegs, dass ein direkter, ursächlicher Zusammenhang zwischen den beiden Variablen besteht. Abbildung 41 zeigt verschiedene Möglichkeiten, wie es zu einem vom Betrag her hohen Korrelationskoeffizienten kommen kann.

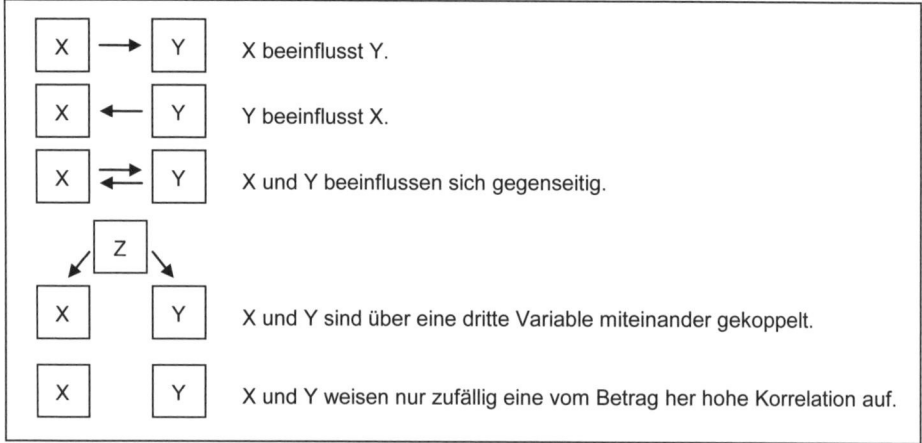

Im Extremfall kann sich ein hoher Korrelationskoeffizient auch rein zufällig ergeben. Abbildung 42 zeigt zum Beispiel, wie sich die Zahl der Studierenden und die jährliche Radieschen-Erntemenge in Deutschland zwischen 1998 und 2009 entwickelt haben. Beide Größen zeigen einen positiven Trend. Relativ hohen Studierendenzahlen fallen so mit relativ hohen Radieschen-Erntemengen zusammen, relativ niedrige Studierendenzahlen mit relativ niedrigen Erntemengen. Trägt man die Erntemenge gegen die Studierendenzahl auf (Abbildung 43), so ergibt sich eine Punktwolke, die um eine Gerade mit positiver Steigung streut. Der Korrelationskoeffizient nimmt in diesem Fall den vergleichsweise hohen Wert r = 0,85 an. Ein kausaler Zusammenhang ist dennoch nicht zu vermuten.

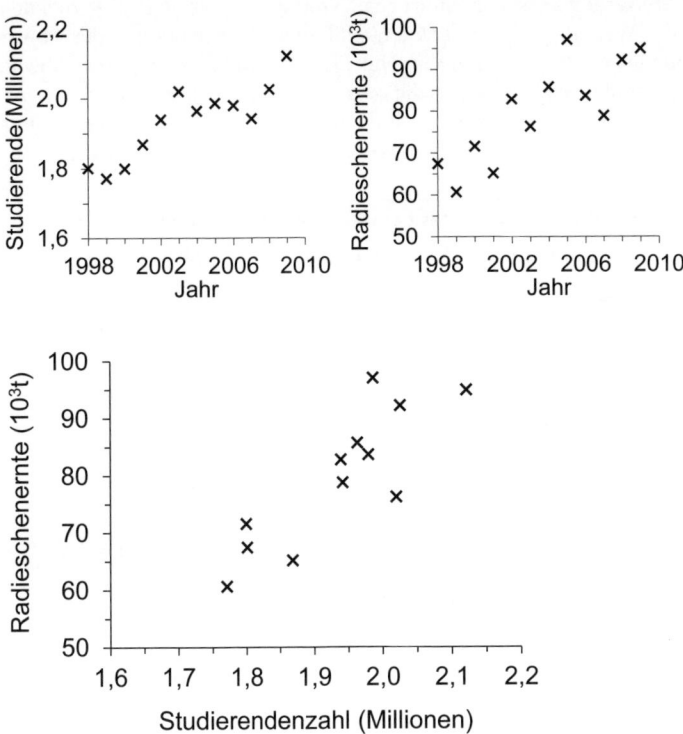

Kommen wir zurück auf das Beispiel des N-Steigerungsversuchs, das am Anfang dieses Abschnitts steht. Der Korrelationskoeffizient beträgt in diesem Fall r = 0,95. Die Vermutung, dass der Ertrag von der Düngung abhängt, ist dabei wohl begründet. Im Folgenden soll dieser Zusammenhang mathematisch formuliert werden, um Aussagen darüber treffen zu können, welcher Ertrag bei einer bestimmten Intensität der Düngung zu erwarten ist.

5.2 Lineare Regression

Gegeben sind Wertepaare $(x_i; y_i)$ (i=1,...,n). Gesucht sind die Steigung a und der Achsenabschnitt b der Regressionsgeraden y = a x + b. Die Regressionsgerade stellt unter den unendlich vielen denkbaren Geraden diejenige dar, von der die Messpunkte insgesamt gesehen am wenigsten abweichen. Zunächst muss daher ein geeignetes Maß für die Gesamtabweichung der Messpunkte von einer beliebigen Geraden formuliert werden.

Es reicht nicht aus, einfach nur die Abweichungen der Messpunkte von der betreffenden Geraden zu addieren. Betrachten wir beispielsweise die Gerade $y = \bar{y}$, die im Abstand $\bar{y}$ parallel zur x-Achse verläuft. Im Fall des

N-Steigerungsversuchs gehört gemäß dieser Geradengleichung zu jedem x_i der Wert $f(x_i) = \bar{y} = 7,3$ t/ha (Abbildung 44). Die Summe der Abweichungen $y_i - f(x_i)$ ist dann aber Null (Tab. 33) und damit minimal, obwohl die Gerade $y = \bar{y}$ keineswegs die gesuchte Regressionsgerade darstellt. Auf Grundlage des Kriteriums, dass die Summe der Abweichungen minimal werden soll, lässt sich die Regressionsgerade also nicht ermitteln.

Tab. 33: Abweichungen des gemessenen Ertrags vom mittleren Ertrag.

i	Düngung x (kg N/ha)	Ertrag y (t/ha)	Abweichung vom Mittelwert $\bar{y}$ = 7,3 t/ha
1	0	5,5	−1,8
2	20	5,9	−1,4
3	40	7,3	0,0
4	60	7,6	0,3
5	80	8,0	0,7
6	100	7,8	0,5
7	120	9,0	1,7
Summe der Abweichungen:			0,0

Abb. 44:
Grafische Darstellung der Werte aus Tabelle 32 und der Geraden $y = \bar{y}$.

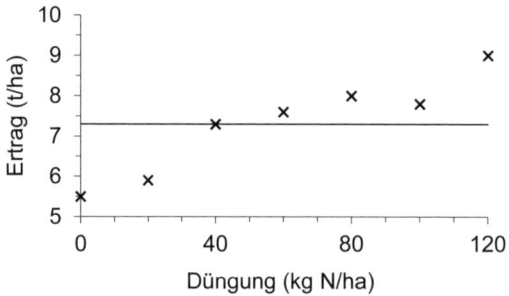

Bei der Berechnung des Maßes für die Gesamtabweichung der Messpunkte muss verhindert werden, dass sich positive und negative Abweichungen kompensieren. Dies wird erreicht, indem man sämtliche Abweichungen quadriert, denn die quadrierten Abweichungen haben alle positives Vorzeichen. Dies ist die so genannte **Gaußsche Methode der kleinsten Quadrate**: Die Parameter a und b der Regressionsgeraden werden bestimmt, indem die Summe der quadrierten Abweichungen minimiert wird:

Minimierung der Summe der quadrierten Abweichungen

$$\sum_{i=1}^{n} [y_i - f(x_i)]^2 \overset{!}{=} \text{minimal} \qquad (73)$$

Wenn man Extremwerte einer Funktion ermitteln möchte, dann bestimmt man die Nullstellen ihrer ersten Ableitung. So geht man auch im Fall der Summe der quadrierten Abweichungen vor: Man bildet ihre Ableitungen nach a und nach b und berechnet, für welche Werte von a und b diese den Wert Null annehmen. Es ergeben sich die folgenden Ausdrücke für die Steigung a und den Achsenabschnitt b der Regressionsgeraden:

$$a = \frac{S_{xy}}{S_x^2} = r\,\frac{S_y}{S_x} \tag{74}$$

$$b = \bar{y} - a\,\bar{x} \tag{75}$$

Für das Beispiel des N-Steigerungsversuchs ergibt sich

$$a = 0{,}027\,\frac{t}{kg\ N}\,,\ b = 5{,}7\,\frac{t}{ha}$$

Zwischen dem Ertrag y (Einheit: 1 t/ha) und der Intensität x der Düngung (Einheit: 1 kg N/ha) besteht gemäß der Regressionsanalyse damit der folgende Zusammenhang:

$$y = 0{,}027\,\frac{t}{kg\ N}\ x + 5{,}7\,\frac{t}{ha}$$

Diese Gleichung kann nun dazu verwendet werden, den Ertrag für Intensitäten der Düngung zu ermitteln, für die keine Messungen durchgeführt worden sind, zum Beispiel

Interpolation und Extrapolation

- mittlerer Ertrag bei Düngung mit 40 kg N/ha:
  (0,027 · 40 + 5,7) t/ha = 6,8 t/ha
- mittlerer Ertrag bei Düngung mit 90 kg N/ha:
  (0,027 · 90 + 5,7) t/ha = 8,1 t/ha.

Bewegt man sich, so wie hier, im Bereich derjenigen Werte für die Intensität der Düngung, der durch die Messungen abgedeckt wird, spricht man von einer **Interpolation**. Geht man dagegen über den erfassten Wertebereich hinaus, so spricht man von **Extrapolation**. Welcher Ertrag lässt sich beispielsweise bei einer Düngung mit 190 kg N/ha erwarten? Nach der Regressionsgleichung ergibt sich

(0,027 · 190 + 5,7) t/ha = 10,8 t/ha

Ob diese Abschätzung realistisch ist, wird der folgende Abschnitt zeigen.

Eine Übungsaufgabe zur linearen Regression findet sich im Anhang F.

Übungsaufgabe

5.3 Nichtlineare Regression

Erhöht man im N-Steigerungsversuch die Intensität der Düngung, so beobachtet man ab einem gewissen Punkt, dass der Ertrag nicht weiter linear ansteigt (Tab. 34 und Abb. 45), sondern stagniert. Damit wird es notwendig, von der linearen zur nichtlinearen Regression überzugehen, das heißt eine nichtlineare Funktion an die Daten anzupassen.

Tab. 34: Weitere Daten des N-Steigerungsversuchs	
Düngung (kg N/ha)	Ertrag (t/ha)
140	8,9
160	9,5
180	8,8
200	9,4
220	9,7
240	9,3

Abb. 45:
Grafische Darstellung der Werte aus Tabelle 32 und Tabelle 34 und nichtlineare Regressionsfunktion.

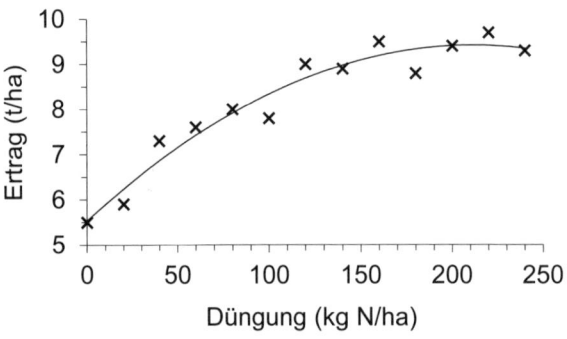

Beispiele für nichtlineare Regressionsfunktionen

Zunächst muss man sich über den Typ der Regressionsfunktion klar werden. Häufig verwendete Regressionsfunktionen sind (Abb. 46):

- Exponentialfunktion $f(x) = a\,e^{b\,x}$
- Potenzfunktion $f(x) = a\,x^b$
- logistische Funktion $f(x) = \dfrac{a}{1 + e^{b-c\,x}}$
- Logarithmusfunktion $f(x) = a\,\ln(b\,x)$
- Polynom n-ten Grades $f(x) = a_n\,x^n + a_{n-1}\,x^{n-1} + \ldots + a_0$

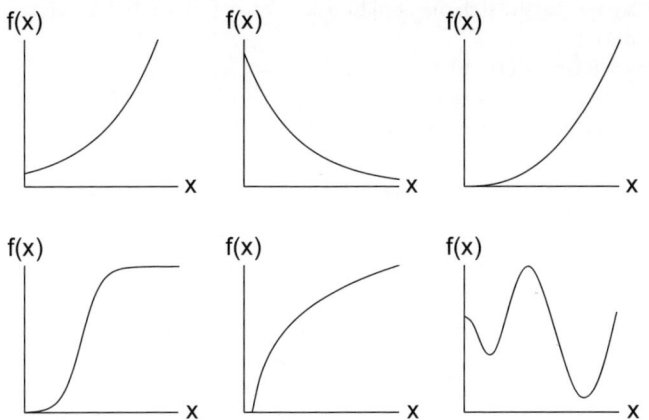

Abb. 46:
*Beispiele für nicht-
lineare Regressions-
funktionen. Von oben
links nach unten
rechts: Exponential-
funktion mit positi-
vem Exponenten, Ex-
ponentialfunktion mit
negativem Exponen-
ten, Potenzfunktion,
logistische Funktion,
Logarithmusfunktion
und Polynom.*

Für die Daten des N-Steigerungsversuchs kann beispielsweise ein Polynom zweiten Grades (y = a x^2 + b x + c) als Regressionsfunktion gewählt
werden. Die drei Koeffizienten a, b und c des Polynoms ergeben sich aus
der Forderung, dass die Summe der quadrierten Abweichungen der Messwerte von der Funktion minimal sein soll, also wiederum nach der Gauß-
schen Methode der kleinsten Quadrate. Wie diese Berechnung im Detail
durchgeführt wird, wird üblicherweise im Rahmen von Ingenieurmathe-
matik-Lehrveranstaltungen behandelt. Eine Lösungsmöglichkeit zumindest für einfache Varianten von Regressionsfunktionen besteht darin, die
Analyse in Excel durchzuführen (Streudiagramm in Excel erstellen, Daten-
reihe durch Anklicken markieren, im Kontextmenü „Trendlinie hinzu-
fügen" wählen und unter „Trendlinienoptionen" „Formel im Diagramm
anzeigen" aktivieren). Im Fall des N-Steigerungsversuchs ergibt sich für
die Abhängigkeit zwischen Ertrag y und Intensität x der Düngung

$$y = -0{,}00009\ \frac{\text{t ha}}{(\text{kgN})^2}\ x^2 + 0{,}037\ \frac{\text{t}}{\text{kgN}}\ x + 5{,}5\ \frac{\text{t}}{\text{ha}}$$

Somit ist bei einer Düngung mit 190 kg N/ha lediglich ein Ertrag von

$$-0{,}00009\ \frac{\text{t ha}}{(\text{kgN})^2}\left(190\ \frac{\text{kgN}}{\text{ha}}\right)^2 + 0{,}037\ \frac{\text{t}}{\text{kgN}}\ 190\ \frac{\text{kgN}}{\text{ha}} + 5{,}5\ \frac{\text{t}}{\text{ha}} = 9{,}3\ \frac{\text{t}}{\text{ha}}$$

zu erwarten.
Alternativ könnte für die Regressionsanalyse auch eine Funktion der Form

$$y = a\ (1 - b\ e^{-cx})$$

verwendet werden. Eine solche Funktion beschreibt ein beschränktes
Wachstum mit den folgenden Eigenschaften:

- Für $x \to \infty$ nähert sich die Funktionskurve asymptotisch dem Maximalwert a.
- Für $x = 0$ ist $y = (1 - b)$ a.

Für das Beispiel des N-Steigerungsversuchs ergibt sich

$$y = 9,9 \, \frac{t}{ha} \, (1 - 0,44 \, e^{-0,011 \, ha/kgN \, x})$$

Die Düngung mit 190 kg N/ha führt damit rechnerisch zu einem Ertrag von 9,4 t/ha.

Gemessen an der Summe der quadrierten Abweichungen zwischen gemessenen und berechneten Ertragswerten ist die Anpassung mit der Funktion für das beschränkte Wachstum etwas besser als mit dem zuvor verwendeten Polynom zweiten Grades. Excel stößt hier allerdings an seine Grenzen, da die Entwickler des Programms diesen Funktionstyp nicht zur Berechnung einer Regressionskurve beziehungsweise „Trendlinie", wie es in Excel heißt, vorgesehen haben.

Anhang

A Wahrscheinlichkeitsrechnung

A.1 Im Fall von Laplace-Experimenten ist die Wahrscheinlichkeit P(A) eines Ereignisses A proportional zur Größe der Menge A. Die Wahrscheinlichkeit eines Ereignisses lässt sich daher durch ein Mengendiagramm darstellen (Abschnitt 2.2.1).

Nachfolgend werden rechnerische Beziehungen zwischen Wahrscheinlichkeiten einerseits mithilfe von Mengendiagrammen dargestellt und andererseits als mathematische Gleichung formuliert. Entweder ist die Gleichung angegeben, aber es sind noch die entsprechenden Flächen in den Mengendiagrammen zu markieren, oder die Mengendiagramme sind vollständig und die Gleichung ist zu ergänzen:

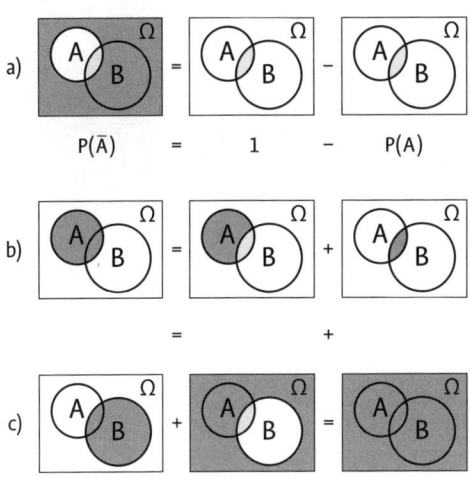

A.2 Im Fall von Laplace-Experimenten ist die Wahrscheinlichkeit P(A) eines Ereignisses A proportional zur Größe der Menge A. Die bedingte Wahrscheinlichkeit P(B | A) lässt sich in diesem Fall wie folgt mithilfe von Mengendiagrammen darstellen (Abschnitt 2.2.2):

$$P(B \mid A) = \frac{P(A \cap B)}{P(A)} = \frac{\text{}}{\text{}}$$

Geben Sie in a) und b) an, welche bedingte Wahrscheinlichkeit dargestellt wird! Füllen Sie in c) die entsprechenden Flächen in den Mengendiagrammen aus und ermitteln Sie das Ergebnis!

a) ___ =   b) ___ =

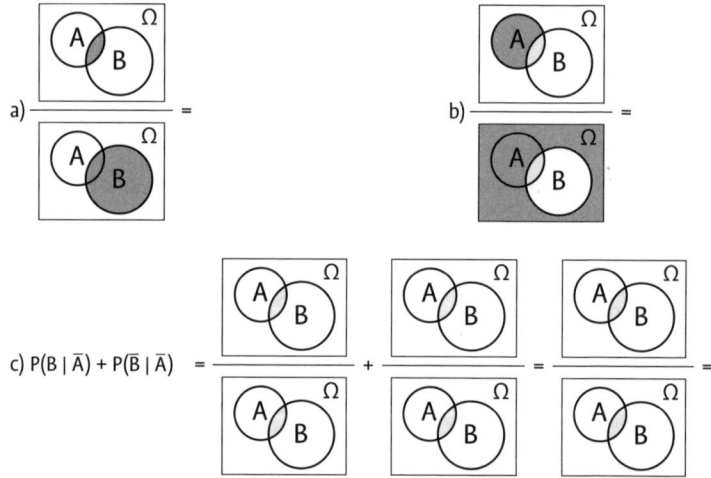

c) $P(B \mid \overline{A}) + P(\overline{B} \mid \overline{A})$ = ___ + ___ = ___ =

A.3 Fleischproben werden auf Salmonellenbefall untersucht. B bezeichne das Ereignis, dass das verwendete Nachweisverfahren eine Kontamination anzeigt. Mit A sei das Ereignis bezeichnet, dass tatsächlich eine Kontamination vorliegt.

Um die Güte des Verfahrens zu charakterisieren, werden seine Sensitivität P(B | A) und seine Spezifität P($\overline{B}$ | $\overline{A}$) ausgewiesen. P($\overline{B}$ | A) ist die Wahrscheinlichkeit, dass eine kontaminierte Probe nicht erkannt wird. Zeigen Sie mithilfe von Mengendiagrammen, dass P($\overline{B}$ | A) = 1 – P(B | A) gilt!

A.4 In einem Korb mit sechzig Eiern befindet sich ein verdorbenes Ei. Drei Eier werden entnommen und geprüft. Wie groß ist die Wahrscheinlichkeit, dass das verdorbene Ei *nicht* dabei ist? Beantworten Sie die Frage mithilfe des Multiplikationssatzes für stochastisch abhängige Ereignisse (Gleichung 5)!

A.5 Ein Handelsvertreter für Agrochemikalien hat im Mittel bei 10% seiner Verkaufsgespräche auf landwirtschaftlichen Betrieben Erfolg.
a) Wie wahrscheinlich ist es, dass er bei fünf Verkaufsgesprächen zu mindestens einem Geschäftsabschluss kommt?
b) Wie viele Betriebe muss er aufsuchen, um mit 50% Wahrscheinlichkeit wenigstens ein Geschäft abschließen zu können?
c) Wie wahrscheinlich ist es, dass genau eines von vier Verkaufsgesprächen erfolgreich verläuft?

A.6 In Tabelle 35 sind die Werte der Verteilungsfunktion $F(x_i)$ einer diskreten Zufallsvariablen X aufgelistet.

Tab. 35: Werte der Verteilungsfunktion einer diskreten Zufallsvariablen.						
x_i	0	1	2	3	4	5
$F(x_i)$	0,01	0,06	0,24	0,58	0,89	1,00

Wie groß ist die Wahrscheinlichkeit, dass die Zufallsvariable
a) die Werte 0 oder 1
b) einen Wert größer 2
c) einen Wert im Intervall [2; 4]
d) den Wert 4 annimmt?

A.7 Ein Antibiotikum zur Bekämpfung einer bei Schweinen weit verbreiteten Krankheit hat in 80% aller Fälle zur Heilung geführt. Nun prüft der Hersteller in einer Studie ein neues Präparat. Von 100 erkrankten Tieren werden 86 erfolgreich behandelt. Ist das neue Medikament mit einer Irrtumswahrscheinlichkeit von 5% besser als das alte?

B   Verteilungsfunktionen

B.1 F sei die Verteilungsfunktion einer stetigen Zufallsvariablen X. Gegeben seien zwei ihrer Werte, F(a) und F(b) (a < b). Geben Sie an, wie sich aus diesen beiden Werten die folgenden Wahrscheinlichkeiten ermitteln lassen! Hilfreich könnte es sein, wenn Sie sich vor Augen halten, welchen Flächen unter der Wahrscheinlichkeitsdichtefunktion diese Wahrscheinlichkeiten entsprechen, analog zur Herleitung von Gleichung 34 aus Abbildung 19.

a) $P(X \leq b)$

b) $P(X \geq b)$

c) $P(X \leq a \text{ oder } X \geq b)$

Speziell im Fall solcher Wahrscheinlichkeitsdichtefunktionen, die symmetrisch zur Senkrechten durch x = 0 sind (Beispiel: Standardnormalverteilung), können außerdem die folgenden Wahrscheinlichkeiten ermittelt werden:

d) $P(X \leq -a)$

e) $P(X \geq -b)$

f) $P(-a \leq X \leq a)$

g) $P(X \leq -b \text{ oder } X \geq a)$

B.2 Abbildung 47 zeigt die Verteilungsfunktion der Standardnormalverteilung.

Abb. 47:
*Die Verteilungs-
funktion der
Standardnormal-
verteilung.*

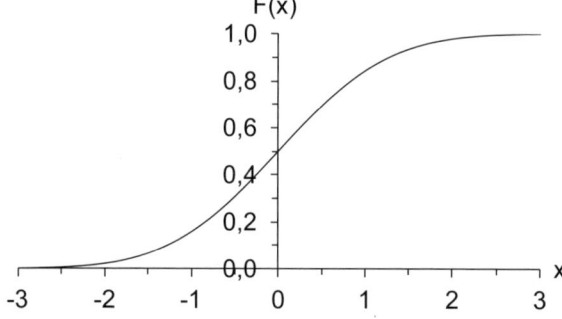

Werte F(x) dieser Verteilungsfunktion lassen sich auch Tabelle 36 entnehmen. x kann im Intervall von 0,00 bis 2,99 vorgegeben werden. Die erste Spalte der Tabelle zeigt die Vorkomma- und die erste Nachkommastelle. Die erste Zeile der Tabelle zeigt die zweite Nachkommastelle. Der zugehörige Wert der Verteilungsfunktion liegt am Schnittpunkt der betreffenden Zeile und Spalte. So ist beispielsweise F(0,21) = 0,5832.

Tab. 36: Werte der Verteilungsfunktion der Standardnormalverteilung.

	,00	,01	,02	,03	,04	,05	,06	,07	,08	,09
0,0	0,5000	0,5040	0,5080	0,5120	0,5160	0,5199	0,5239	0,5279	0,5319	0,5359
0,1	0,5398	0,5438	0,5478	0,5517	0,5557	0,5596	0,5636	0,5675	0,5714	0,5753
0,2	0,5793	0,5832	0,5871	0,5910	0,5948	0,5987	0,6026	0,6064	0,6103	0,6141
0,3	0,6179	0,6217	0,6255	0,6293	0,6331	0,6368	0,6406	0,6443	0,6480	0,6517
0,4	0,6554	0,6591	0,6628	0,6664	0,6700	0,6736	0,6772	0,6808	0,6844	0,6879
0,5	0,6915	0,6950	0,6985	0,7019	0,7054	0,7088	0,7123	0,7157	0,7190	0,7224
0,6	0,7257	0,7291	0,7324	0,7357	0,7389	0,7422	0,7454	0,7486	0,7517	0,7549
0,7	0,7580	0,7611	0,7642	0,7673	0,7704	0,7734	0,7764	0,7794	0,7823	0,7852
0,8	0,7881	0,7910	0,7939	0,7967	0,7995	0,8023	0,8051	0,8078	0,8106	0,8133
0,9	0,8159	0,8186	0,8212	0,8238	0,8264	0,8289	0,8315	0,8340	0,8365	0,8389
1,0	0,8413	0,8438	0,8461	0,8485	0,8508	0,8531	0,8554	0,8577	0,8599	0,8621
1,1	0,8643	0,8665	0,8686	0,8708	0,8729	0,8749	0,8770	0,8790	0,8810	0,8830
1,2	0,8849	0,8869	0,8888	0,8907	0,8925	0,8944	0,8962	0,8980	0,8997	0,9015
1,3	0,9032	0,9049	0,9066	0,9082	0,9099	0,9115	0,9131	0,9147	0,9162	0,9177
1,4	0,9192	0,9207	0,9222	0,9236	0,9251	0,9265	0,9279	0,9292	0,9306	0,9319
1,5	0,9332	0,9345	0,9357	0,9370	0,9382	0,9394	0,9406	0,9418	0,9429	0,9441
1,6	0,9452	0,9463	0,9474	0,9484	0,9495	0,9505	0,9515	0,9525	0,9535	0,9545
1,7	0,9554	0,9564	0,9573	0,9582	0,9591	0,9599	0,9608	0,9616	0,9625	0,9633
1,8	0,9641	0,9649	0,9656	0,9664	0,9671	0,9678	0,9686	0,9693	0,9699	0,9706
1,9	0,9713	0,9719	0,9726	0,9732	0,9738	0,9744	0,9750	0,9756	0,9761	0,9767
2,0	0,9772	0,9778	0,9783	0,9788	0,9793	0,9798	0,9803	0,9808	0,9812	0,9817
2,1	0,9821	0,9826	0,9830	0,9834	0,9838	0,9842	0,9846	0,9850	0,9854	0,9857
2,2	0,9861	0,9864	0,9868	0,9871	0,9875	0,9878	0,9881	0,9884	0,9887	0,9890
2,3	0,9893	0,9896	0,9898	0,9901	0,9904	0,9906	0,9909	0,9911	0,9913	0,9916
2,4	0,9918	0,9920	0,9922	0,9925	0,9927	0,9929	0,9931	0,9932	0,9934	0,9936
2,5	0,9938	0,9940	0,9941	0,9943	0,9945	0,9946	0,9948	0,9949	0,9951	0,9952
2,6	0,9953	0,9955	0,9956	0,9957	0,9959	0,9960	0,9961	0,9962	0,9963	0,9964
2,7	0,9965	0,9966	0,9967	0,9968	0,9969	0,9970	0,9971	0,9972	0,9973	0,9974
2,8	0,9974	0,9975	0,9976	0,9977	0,9977	0,9978	0,9979	0,9979	0,9980	0,9981
2,9	0,9981	0,9982	0,9982	0,9983	0,9984	0,9984	0,9985	0,9985	0,9986	0,9986

Bestimmen Sie die folgenden Werte F(x) der Verteilungsfunktion der Standardnormalverteilung!

x	F(x) = P(X ≤ x), abgelesen aus	
	Abbildung 47	Tabelle 36
0,000		
1,000		
0,230		
0,990		
1,325		
1,662		
1,178		

Um den Wert der Verteilungsfunktion für ein x zu bestimmen, das zwischen zwei der in der Tabelle erfassten Werte liegt, kann linear interpoliert werden. So können zum Beispiel für x = 1,660 und x = 1,670 Werte der Verteilungsfunktion aus der Tabelle abgelesen werden, nicht aber für x = 1,662. Um linear zu interpolieren, macht man den Ansatz F(x + Δx) = F(x) + a · Δx, wobei a die Steigung der Geraden ist, die F(x) und F(x + Δx) verbindet. Im Beispiel ist F(x) = F(1,660) = 0,9515 und Δx = 0,002. Die Geradensteigung ergibt sich als a = [F(1,670) – F(1,660)] / (1,670 – 1,660) = (0,9525 – 0,9515) / 0,01 = 0,1. Es folgt F(1,662) = F(1,660) + 0,1 · 0,002 = 0,9517.

B.3 Bestimmen Sie die folgenden Wahrscheinlichkeiten für die standardnormalverteilte Zufallsvariable X!
a) P(X ≥ 1,180)
b) P(X ≥ 3,100)
c) P(X ≤ −1,250)
d) P(X ≤ −2,215)
e) P(0,00 ≤ X ≤ 0,05)
f) P(1,00 ≤ X ≤ 3,00)
g) P(−1,50 ≤ X ≤ 0,50)
h) P(−2,25 ≤ X ≤ −1,25)

B.4 Bestimmen Sie zur Standardnormalverteilung das
a) 50%-Perzentil
b) 99%-Perzentil
c) 0,75-Quantil
d) untere Quartil!

C   Berechnung von Quantilen in Excel

Im Folgenden wird die Berechnung von Quantilen der im Text verwendeten Wahrscheinlichkeitsverteilungen erläutert. Das gesuchte Quantil sei
Q_γ, das heißt es ist $F(Q_\gamma) = \gamma$, wobei F die Verteilungsfunktion der Zufallsvariablen bezeichnet.

Ab der Version Excel2010 wird das Quantil $Q\gamma$ wie folgt berechnet: ab Excel2010
- Normalverteilung: NORM.INV($\gamma;\mu;\sigma$)
- t-Verteilung: T.INV($\gamma;f$) mit $f = n - 1$ (Parametertest,
  Abschnitte 4.2.4 und 4.2.5) oder $f = n_1 + n_2 - 2$ (Stichprobenver-
  gleich, Abschnitt 4.3.3)
- F-Verteilung: F.INV($\gamma,f_1;f_2$) mit f_1: Anzahl der Freiheitsgrade der
  Größe im Zähler, f_2: Anzahl der Freiheitsgrade der Größe im Nenner
  (Abschnitt 4.3.2)
- Chi-Quadrat-Verteilung: CHIQU.INV($\gamma;f$) mit f = Anzahl k^* der
  Klassen – 1 – Anzahl der empirisch bestimmten Parameter der
  hypothetischen Verteilung (Abschnitt 4.5)

In älteren Excel-Versionen war die Berechnung von Quantilen uneinheit-   in älteren
lich geregelt. Das Quantil Q_γ ergab sich wie folgt: Excel-Versionen
- Normalverteilung: NORMINV($\gamma;\mu;\sigma$)
- t-Verteilung: TINV($2 \cdot (1-\gamma);f$) mit $f = n - 1$ (Parametertest,
  Abschnitte 4.2.4 und 4.2.5) oder $f = n_1 + n_2 - 2$ (Stichprobenver-
  gleich, Abschnitt 4.3.3)
- F-Verteilung: FINV($1-\gamma,f_1;f_2$) mit f_1: Anzahl der Freiheitsgrade der
  Größe im Zähler, f_2: Anzahl der Freiheitsgrade der Größe im Nenner
  (Abschnitt 4.3.2)
- Chi-Quadrat-Verteilung: CHIINV($1-\gamma;f$) mit f = Anzahl k^* der Klas-
  sen – 1 – Anzahl der empirisch bestimmten Parameter der hypothe-
  tischen Verteilung (Abschnitt 4.5)

Aufgaben:

C.1 Welchen Wert hat
a) das untere Quartil der Normalverteilung mit $\mu = 20$ und $\sigma = 10$?
b) das obere Quartil der Chi-Quadrat-Verteilung mit dem Freiheitsgrad f = 15?
c) der Median der F-Verteilung mit den Freiheitsgraden $f_1 = 10$ und
   $f_2 = 10$?
d) das 0,995-Quantil der t-Verteilung mit dem Freiheitsgrad f = 30?
e) das 0,005-Quantil der t-Verteilung mit dem Freiheitsgrad f = 30?

D   Quantil-Tabellen

Tab. 37: Quantile der t-Verteilung.					
f	γ				
	0,900	0,950	0,975	0,990	0,995
5	1,48	2,02	2,57	3,36	4,03
6	1,44	1,94	2,45	3,14	3,71
7	1,41	1,89	2,36	3,00	3,50
8	1,40	1,86	2,31	2,90	3,36
9	1,38	1,83	2,26	2,82	3,25
10	1,37	1,81	2,23	2,76	3,17
11	1,36	1,80	2,20	2,72	3,11
12	1,36	1,78	2,18	2,68	3,05
13	1,35	1,77	2,16	2,65	3,01
14	1,35	1,76	2,14	2,62	2,98
15	1,34	1,75	2,13	2,60	2,95
16	1,34	1,75	2,12	2,58	2,92
17	1,33	1,74	2,11	2,57	2,90
18	1,33	1,73	2,10	2,55	2,88
19	1,33	1,73	2,09	2,54	2,86
20	1,33	1,72	2,09	2,53	2,85
21	1,32	1,72	2,08	2,52	2,83
22	1,32	1,72	2,07	2,51	2,82
23	1,32	1,71	2,07	2,50	2,81
24	1,32	1,71	2,06	2,49	2,80
25	1,32	1,71	2,06	2,49	2,79
26	1,31	1,71	2,06	2,48	2,78
27	1,31	1,70	2,05	2,47	2,77
28	1,31	1,70	2,05	2,47	2,76
29	1,31	1,70	2,05	2,46	2,76
30	1,31	1,70	2,04	2,46	2,75
40	1,30	1,68	2,02	2,42	2,70
50	1,30	1,68	2,01	2,40	2,68
60	1,30	1,67	2,00	2,39	2,66
70	1,29	1,67	1,99	2,38	2,65
80	1,29	1,66	1,99	2,37	2,64
90	1,29	1,66	1,99	2,37	2,63
100	1,29	1,66	1,98	2,36	2,63
∞	1,28	1,64	1,96	2,33	2,58

f	γ				
	0,10	0,50	0,90	0,95	0,99
5	1,61	4,35	9,24	11,07	15,09
6	2,20	5,35	10,64	12,59	16,81
7	2,83	6,35	12,02	14,07	18,48
8	3,49	7,34	13,36	15,51	20,09
9	4,17	8,34	14,68	16,92	21,67
10	4,87	9,34	15,99	18,31	23,21
11	5,58	10,34	17,28	19,68	24,72
12	6,30	11,34	18,55	21,03	26,22
13	7,04	12,34	19,81	22,36	27,69
14	7,79	13,34	21,06	23,68	29,14
15	8,55	14,34	22,31	25,00	30,58
16	9,31	15,34	23,54	26,30	32,00
17	10,09	16,34	24,77	27,59	33,41
18	10,86	17,34	25,99	28,87	34,81
19	11,65	18,34	27,20	30,14	36,19
20	12,44	19,34	28,41	31,41	37,57

Tab. 38: Quantile der Chi-Quadrat-Verteilung.

Tab. 39: 0,950-Quantil der F-Verteilung.

f_1 \ f_2	2	3	4	5	6	7	8	9	10	11	12	13	14	15	16	17	18	19	20	30	40	50	100	∞
2	19,00	9,55	6,94	5,79	5,14	4,74	4,46	4,26	4,10	3,98	3,89	3,81	3,74	3,68	3,63	3,59	3,55	3,52	3,49	3,32	3,23	3,18	3,09	3,00
3	19,16	9,28	6,59	5,41	4,76	4,35	4,07	3,86	3,71	3,59	3,49	3,41	3,34	3,29	3,24	3,20	3,16	3,13	3,10	2,92	2,84	2,79	2,70	2,60
4	19,25	9,12	6,39	5,19	4,53	4,12	3,84	3,63	3,48	3,36	3,26	3,18	3,11	3,06	3,01	2,96	2,93	2,90	2,87	2,69	2,61	2,56	2,46	2,37
5	19,30	9,01	6,26	5,05	4,39	3,97	3,69	3,48	3,33	3,20	3,11	3,03	2,96	2,90	2,85	2,81	2,77	2,74	2,71	2,53	2,45	2,40	2,31	2,21
6	19,33	8,94	6,16	4,95	4,28	3,87	3,58	3,37	3,22	3,09	3,00	2,92	2,85	2,79	2,74	2,70	2,66	2,63	2,60	2,42	2,34	2,29	2,19	2,10
7	19,35	8,89	6,09	4,88	4,21	3,79	3,50	3,29	3,14	3,01	2,91	2,83	2,76	2,71	2,66	2,61	2,58	2,54	2,51	2,33	2,25	2,20	2,10	2,01
8	19,37	8,85	6,04	4,82	4,15	3,73	3,44	3,23	3,07	2,95	2,85	2,77	2,70	2,64	2,59	2,55	2,51	2,48	2,45	2,27	2,18	2,13	2,03	1,94
9	19,38	8,81	6,00	4,77	4,10	3,68	3,39	3,18	3,02	2,90	2,80	2,71	2,65	2,59	2,54	2,49	2,46	2,42	2,39	2,21	2,12	2,07	1,97	1,88
10	19,40	8,79	5,96	4,74	4,06	3,64	3,35	3,14	2,98	2,85	2,75	2,67	2,60	2,54	2,49	2,45	2,41	2,38	2,35	2,16	2,08	2,03	1,93	1,83
11	19,40	8,76	5,94	4,70	4,03	3,60	3,31	3,10	2,94	2,82	2,72	2,63	2,57	2,51	2,46	2,41	2,37	2,34	2,31	2,13	2,04	1,99	1,89	1,79
12	19,41	8,74	5,91	4,68	4,00	3,57	3,28	3,07	2,91	2,79	2,69	2,60	2,53	2,48	2,42	2,38	2,34	2,31	2,28	2,09	2,00	1,95	1,85	1,75
13	19,42	8,73	5,89	4,66	3,98	3,55	3,26	3,05	2,89	2,76	2,66	2,58	2,51	2,45	2,40	2,35	2,31	2,28	2,25	2,06	1,97	1,92	1,82	1,72
14	19,42	8,71	5,87	4,64	3,96	3,53	3,24	3,03	2,86	2,74	2,64	2,55	2,48	2,42	2,37	2,33	2,29	2,26	2,22	2,04	1,95	1,89	1,79	1,69
15	19,43	8,70	5,86	4,62	3,94	3,51	3,22	3,01	2,85	2,72	2,62	2,53	2,46	2,40	2,35	2,31	2,27	2,23	2,20	2,01	1,92	1,87	1,77	1,67
16	19,43	8,69	5,84	4,60	3,92	3,49	3,20	2,99	2,83	2,70	2,60	2,51	2,44	2,38	2,33	2,29	2,25	2,21	2,18	1,99	1,90	1,85	1,75	1,64
17	19,44	8,68	5,83	4,59	3,91	3,48	3,19	2,97	2,81	2,69	2,58	2,50	2,43	2,37	2,32	2,27	2,23	2,20	2,17	1,98	1,89	1,83	1,73	1,62
18	19,44	8,67	5,82	4,58	3,90	3,47	3,17	2,96	2,80	2,67	2,57	2,48	2,41	2,35	2,30	2,26	2,22	2,18	2,15	1,96	1,87	1,81	1,71	1,60
19	19,44	8,67	5,81	4,57	3,88	3,46	3,16	2,95	2,79	2,66	2,56	2,47	2,40	2,34	2,29	2,24	2,20	2,17	2,14	1,95	1,85	1,80	1,69	1,59
20	19,45	8,66	5,80	4,56	3,87	3,44	3,15	2,94	2,77	2,65	2,54	2,46	2,39	2,33	2,28	2,23	2,19	2,16	2,12	1,93	1,84	1,78	1,68	1,57
30	19,46	8,62	5,75	4,50	3,81	3,38	3,08	2,86	2,70	2,57	2,47	2,38	2,31	2,25	2,19	2,15	2,11	2,07	2,04	1,84	1,74	1,69	1,57	1,46
40	19,47	8,59	5,72	4,46	3,77	3,34	3,04	2,83	2,66	2,53	2,43	2,34	2,27	2,20	2,15	2,10	2,06	2,03	1,99	1,79	1,69	1,63	1,52	1,39
50	19,48	8,58	5,70	4,44	3,75	3,32	3,02	2,80	2,64	2,51	2,40	2,31	2,24	2,18	2,12	2,08	2,04	2,00	1,97	1,76	1,66	1,60	1,48	1,35
100	19,49	8,55	5,66	4,41	3,71	3,27	2,97	2,76	2,59	2,46	2,35	2,26	2,19	2,12	2,07	2,02	1,98	1,94	1,91	1,70	1,59	1,52	1,39	1,24
∞	19,50	8,53	5,63	4,37	3,67	3,23	2,93	2,71	2,54	2,40	2,30	2,21	2,13	2,07	2,01	1,96	1,92	1,88	1,84	1,62	1,51	1,44	1,28	1,00

Tab. 40: 0,975-Quantil der F-Verteilung.

f_1 \ f_2	2	3	4	5	6	7	8	9	10	11	12	13	14	15	16	17	18	19	20	30	40	50	100	∞
2	39,00	16,04	10,65	8,43	7,26	6,54	6,06	5,71	5,46	5,26	5,10	4,97	4,86	4,77	4,69	4,62	4,56	4,51	4,46	4,18	4,05	3,97	3,83	3,69
3	39,17	15,44	9,98	7,76	6,60	5,89	5,42	5,08	4,83	4,63	4,47	4,35	4,24	4,15	4,08	4,01	3,95	3,90	3,86	3,59	3,46	3,39	3,25	3,12
4	39,25	15,10	9,60	7,39	6,23	5,52	5,05	4,72	4,47	4,28	4,12	4,00	3,89	3,80	3,73	3,66	3,61	3,56	3,51	3,25	3,13	3,05	2,92	2,79
5	39,30	14,88	9,36	7,15	5,99	5,29	4,82	4,48	4,24	4,04	3,89	3,77	3,66	3,58	3,50	3,44	3,38	3,33	3,29	3,03	2,90	2,83	2,70	2,57
6	39,33	14,73	9,20	6,98	5,82	5,12	4,65	4,32	4,07	3,88	3,73	3,60	3,50	3,41	3,34	3,28	3,22	3,17	3,13	2,87	2,74	2,67	2,54	2,41
7	39,36	14,62	9,07	6,85	5,70	4,99	4,53	4,20	3,95	3,76	3,61	3,48	3,38	3,29	3,22	3,16	3,10	3,05	3,01	2,75	2,62	2,55	2,42	2,29
8	39,37	14,54	8,98	6,76	5,60	4,90	4,43	4,10	3,85	3,66	3,51	3,39	3,29	3,20	3,12	3,06	3,01	2,96	2,91	2,65	2,53	2,46	2,32	2,19
9	39,39	14,47	8,90	6,68	5,52	4,82	4,36	4,03	3,78	3,59	3,44	3,31	3,21	3,12	3,05	2,98	2,93	2,88	2,84	2,57	2,45	2,38	2,24	2,11
10	39,40	14,42	8,84	6,62	5,46	4,76	4,30	3,96	3,72	3,53	3,37	3,25	3,15	3,06	2,99	2,92	2,87	2,82	2,77	2,51	2,39	2,32	2,18	2,05
11	39,41	14,37	8,79	6,57	5,41	4,71	4,24	3,91	3,66	3,47	3,32	3,20	3,09	3,01	2,93	2,87	2,81	2,76	2,72	2,46	2,33	2,26	2,12	1,99
12	39,41	14,34	8,75	6,52	5,37	4,67	4,20	3,87	3,62	3,43	3,28	3,15	3,05	2,96	2,89	2,82	2,77	2,72	2,68	2,41	2,29	2,22	2,08	1,94
13	39,42	14,30	8,71	6,49	5,33	4,63	4,16	3,83	3,58	3,39	3,24	3,12	3,01	2,92	2,85	2,79	2,73	2,68	2,64	2,37	2,25	2,18	2,04	1,90
14	39,43	14,28	8,68	6,46	5,30	4,60	4,13	3,80	3,55	3,36	3,21	3,08	2,98	2,89	2,82	2,75	2,70	2,65	2,60	2,34	2,21	2,14	2,00	1,87
15	39,43	14,25	8,66	6,43	5,27	4,57	4,10	3,77	3,52	3,33	3,18	3,05	2,95	2,86	2,79	2,72	2,67	2,62	2,57	2,31	2,18	2,11	1,97	1,83
16	39,44	14,23	8,63	6,40	5,24	4,54	4,08	3,74	3,50	3,30	3,15	3,03	2,92	2,84	2,76	2,70	2,64	2,59	2,55	2,28	2,15	2,08	1,94	1,80
17	39,44	14,21	8,61	6,38	5,22	4,52	4,05	3,72	3,47	3,28	3,13	3,00	2,90	2,81	2,74	2,67	2,62	2,57	2,52	2,26	2,13	2,06	1,91	1,78
18	39,44	14,20	8,59	6,36	5,20	4,50	4,03	3,70	3,45	3,26	3,11	2,98	2,88	2,79	2,72	2,65	2,60	2,55	2,50	2,23	2,11	2,03	1,89	1,75
19	39,45	14,20	8,58	6,34	5,18	4,48	4,02	3,68	3,44	3,24	3,09	2,96	2,86	2,77	2,70	2,63	2,58	2,53	2,48	2,21	2,09	2,01	1,87	1,73
20	39,45	14,17	8,56	6,33	5,17	4,47	4,00	3,67	3,42	3,23	3,07	2,95	2,84	2,76	2,68	2,62	2,56	2,51	2,46	2,20	2,07	1,99	1,85	1,71
30	39,46	14,08	8,46	6,23	5,07	4,36	3,89	3,56	3,31	3,12	2,96	2,84	2,73	2,64	2,57	2,50	2,44	2,39	2,35	2,07	1,94	1,87	1,71	1,57
40	39,47	14,04	8,41	6,18	5,01	4,31	3,84	3,51	3,26	3,06	2,91	2,78	2,67	2,59	2,51	2,44	2,38	2,33	2,29	2,01	1,88	1,80	1,64	1,48
50	39,48	14,01	8,38	6,14	4,98	4,28	3,81	3,47	3,22	3,03	2,87	2,74	2,64	2,55	2,47	2,41	2,35	2,30	2,25	1,97	1,83	1,75	1,59	1,43
100	39,49	13,96	8,32	6,08	4,92	4,21	3,74	3,40	3,15	2,96	2,80	2,67	2,56	2,47	2,40	2,33	2,27	2,22	2,17	1,88	1,74	1,66	1,48	1,30
∞	39,50	13,90	8,26	6,02	4,85	4,14	3,67	3,33	3,08	2,88	2,72	2,60	2,49	2,40	2,32	2,25	2,19	2,13	2,09	1,79	1,64	1,55	1,35	1,00

Tab. 41: 0,990-Quantil der F-Verteilung.

f_1 \ f_2	2	3	4	5	6	7	8	9	10	11	12	13	14	15	16	17	18	19	20	30	40	50	100	∞
2	99,00	30,82	18,00	13,27	10,92	9,55	8,65	8,02	7,56	7,21	6,93	6,70	6,51	6,36	6,23	6,11	6,01	5,93	5,85	5,39	5,18	5,06	4,82	4,61
3	99,17	29,46	16,69	12,06	9,78	8,45	7,59	6,99	6,55	6,22	5,95	5,74	5,56	5,42	5,29	5,18	5,09	5,01	4,94	4,51	4,31	4,20	3,98	3,78
4	99,25	28,71	15,98	11,39	9,15	7,85	7,01	6,42	5,99	5,67	5,41	5,21	5,04	4,89	4,77	4,67	4,58	4,50	4,43	4,02	3,83	3,72	3,51	3,32
5	99,30	28,24	15,52	10,97	8,75	7,46	6,63	6,06	5,64	5,32	5,06	4,86	4,69	4,56	4,44	4,34	4,25	4,17	4,10	3,70	3,51	3,41	3,21	3,02
6	99,33	27,91	15,21	10,67	8,47	7,19	6,37	5,80	5,39	5,07	4,82	4,62	4,46	4,32	4,20	4,10	4,01	3,94	3,87	3,47	3,29	3,19	2,99	2,80
7	99,36	27,67	14,98	10,46	8,26	6,99	6,18	5,61	5,20	4,89	4,64	4,44	4,28	4,14	4,03	3,93	3,84	3,77	3,70	3,30	3,12	3,02	2,82	2,64
8	99,37	27,49	14,80	10,29	8,10	6,84	6,03	5,47	5,06	4,74	4,50	4,30	4,14	4,00	3,89	3,79	3,71	3,63	3,56	3,17	2,99	2,89	2,69	2,51
9	99,39	27,35	14,66	10,16	7,98	6,72	5,91	5,35	4,94	4,63	4,39	4,19	4,03	3,89	3,78	3,68	3,60	3,52	3,46	3,07	2,89	2,78	2,59	2,41
10	99,40	27,23	14,55	10,05	7,87	6,62	5,81	5,26	4,85	4,54	4,30	4,10	3,94	3,80	3,69	3,59	3,51	3,43	3,37	2,98	2,80	2,70	2,50	2,32
11	99,41	27,13	14,45	9,96	7,79	6,54	5,73	5,18	4,77	4,46	4,22	4,02	3,86	3,73	3,62	3,52	3,43	3,36	3,29	2,91	2,73	2,63	2,43	2,25
12	99,42	27,05	14,37	9,89	7,72	6,47	5,67	5,11	4,71	4,40	4,16	3,96	3,80	3,67	3,55	3,46	3,37	3,30	3,23	2,84	2,66	2,56	2,37	2,18
13	99,42	26,98	14,31	9,82	7,66	6,41	5,61	5,05	4,65	4,34	4,10	3,91	3,75	3,61	3,50	3,40	3,32	3,24	3,18	2,79	2,61	2,51	2,31	2,13
14	99,43	26,92	14,25	9,77	7,60	6,36	5,56	5,01	4,60	4,29	4,05	3,86	3,70	3,56	3,45	3,35	3,27	3,19	3,13	2,74	2,56	2,46	2,27	2,08
15	99,43	26,87	14,20	9,72	7,56	6,31	5,52	4,96	4,56	4,25	4,01	3,82	3,66	3,52	3,41	3,31	3,23	3,15	3,09	2,70	2,52	2,42	2,22	2,04
16	99,44	26,83	14,15	9,68	7,52	6,28	5,48	4,92	4,52	4,21	3,97	3,78	3,62	3,49	3,37	3,27	3,19	3,12	3,05	2,66	2,48	2,38	2,19	2,00
17	99,44	26,79	14,11	9,64	7,48	6,24	5,44	4,89	4,49	4,18	3,94	3,75	3,59	3,45	3,34	3,24	3,16	3,08	3,02	2,63	2,45	2,35	2,15	1,97
18	99,44	26,75	14,08	9,61	7,45	6,21	5,41	4,86	4,46	4,15	3,91	3,72	3,56	3,42	3,31	3,21	3,13	3,05	2,99	2,60	2,42	2,32	2,12	1,93
19	99,45	26,72	14,05	9,58	7,42	6,18	5,38	4,83	4,43	4,12	3,88	3,69	3,53	3,40	3,28	3,19	3,10	3,03	2,96	2,57	2,39	2,29	2,09	1,90
20	99,45	26,69	14,02	9,55	7,40	6,16	5,36	4,81	4,41	4,10	3,86	3,66	3,51	3,37	3,26	3,16	3,08	3,00	2,94	2,55	2,37	2,27	2,07	1,88
30	99,47	26,50	13,84	9,38	7,23	5,99	5,20	4,65	4,25	3,94	3,70	3,51	3,35	3,21	3,10	3,00	2,92	2,84	2,78	2,39	2,20	2,10	1,89	1,70
40	99,47	26,41	13,75	9,29	7,14	5,91	5,12	4,57	4,17	3,86	3,62	3,43	3,27	3,13	3,02	2,92	2,84	2,76	2,69	2,30	2,11	2,01	1,80	1,59
50	99,48	26,35	13,69	9,24	7,09	5,86	5,07	4,52	4,12	3,81	3,57	3,38	3,22	3,08	2,97	2,87	2,78	2,71	2,64	2,25	2,06	1,95	1,74	1,52
100	99,49	26,24	13,58	9,13	6,99	5,75	4,96	4,41	4,01	3,71	3,47	3,27	3,11	2,98	2,86	2,76	2,68	2,60	2,54	2,13	1,94	1,82	1,60	1,36
∞	99,50	26,13	13,46	9,02	6,88	5,65	4,86	4,31	3,91	3,60	3,36	3,17	3,00	2,87	2,75	2,65	2,57	2,49	2,42	2,01	1,80	1,68	1,43	1,00

E   Statistische Tests für stetige Zufallsvariablen

E.1 Tabelle 24 zeigt das Geburtsgewicht von Kälbern zweier Rassen 1 und 2. Prüfen Sie durch einen statistischen Test, ob die Varianz des Geburtsgewichts der Rasse 1 und die Varianz des Geburtsgewichts der Rasse 2 mit einer Irrtumswahrscheinlichkeit von 5% verschieden sind!

E.2 Tabelle 15 zeigt dreißig Messwerte der Körpergröße männlicher Studierender ($\bar{x}_m$ = 1,79 m, s_m = 0,07 m). In dreißig weiteren Messungen sei die Körpergröße weiblicher Studierender erfasst worden. Als Mittelwert und Standardabweichung ergeben sich dabei $\bar{x}_w$ = 1,65 m und s_w = 0,06 m. Zeigen Sie durch einen einseitigen t-Test, dass der Erwartungswert der Körpergröße männlicher Studierender größer als derjenige weiblicher Studierender ist (Irrtumswahrscheinlichkeit: 1%)!

E.3 Welche Quantile müssen ermittelt werden und welchen Wert haben sie (Tab. 42)?

Tab. 42: Aufgabe E.3.

Anzahl Stichproben	Umfang	Null- und Alternativhypothese	Irrtumswahrscheinlichkeit	Quantile
1	n = 100	H_0: $\mu = \mu_0$ H_1: $\mu \neq \mu_0$	$\alpha = 0{,}01$	
1	n = 30	H_0: $\mu \leq \mu_0$ H_1: $\mu > \mu_0$	$\alpha = 0{,}05$	
1	n = 10	H_0: $\mu \geq \mu_0$ H_1: $\mu < \mu_0$	$\alpha = 0{,}05$	
2	$n_1 = 85$ $n_2 = 70$	H_0: $\mu_1 = \mu_2$ H_1: $\mu_1 \neq \mu_2$	$\alpha = 0{,}10$	
2	$n_1 = 40$ $n_2 = 50$	H_0: $\sigma_1^2 = \sigma_2^2$ H_1: $\sigma_1^2 \neq \sigma_2^2$	$\alpha = 0{,}05$	
2	$n_1 = 4$ $n_2 = 13$	H_0: $\sigma_1^2 \leq \sigma_2^2$ H_1: $\sigma_1^2 > \sigma_2^2$	$\alpha = 0{,}10$	

F   Korrelations- und Regressionsanalyse

F.1 Die Aussaat von Mais erfolgt im Frühling, die Ernte im Herbst. Tabelle 43 enthält Daten zum mittleren Niederschlag im Frühling (März, April, Mai) und Sommer (Juni, Juli, August) (Deutscher Wetterdienst, 2012) sowie zum Körnermaisertrag (Statistisches Bundesamt, 2012 c) in Deutschland.

Tab. 43: Niederschlags- und Ertragsdaten.			
Jahr	Niederschlag (mm)		Ertrag (dt/ha)
	Frühling	Sommer	
1990	117	228	68,1
1991	118	211	68,8
1992	180	249	72,6
1993	133	281	80,5
1994	260	221	71,1
1995	219	237	74,6
1996	138	234	78,6
1997	158	248	87,2
1998	189	241	82,6
1999	197	219	88,4
2000	202	243	92,8
2001	223	231	88,9
2002	196	307	93,9
2003	130	153	74,7
2004	150	266	91,3
2005	186	247	92,7
2006	245	232	80,7
2007	198	325	94,9
2008	197	233	99,1
2009	184	235	98,6

a) Untersuchen Sie durch eine Korrelationsanalyse, ob der Ertrag stärker vom Niederschlag im Frühling oder vom Niederschlag im Sommer abhängt! Stellen Sie den betreffenden Zusammenhang in Form eines Streudiagramms dar!

b) Formulieren Sie eine Gleichung, die den Zusammenhang zwischen dem Ertrag E und dem Sommerniederschlag N ausdrückt! Nehmen Sie an, der Sommerniederschlag würde gegenüber dem langjährigen Mittel um 10% abnehmen. Um wie viele Prozent würde der mittlere Körnermaisertrag gemäß der zuvor formulierten Gleichung sinken?

c) Wenn Sie den Sommerniederschlag und den Ertrag gegen die Zeit auftragen, sehen Sie, dass beide Größen im Beobachtungszeitraum eine ansteigende Tendenz, einen positiven Trend, aufweisen (Abbildungen 48 und 49). Ermitteln Sie durch eine lineare Regressionsanalyse die beiden Gleichungen zur Beschreibung des linearen Trends! Bereinigen Sie die Niederschlags- und Ertragsdaten um den jeweiligen linearen Trend, indem Sie die Abweichungen ΔN und ΔE der Messwerte von der Trendgeraden berechnen. Wie groß ist die Korrelation zwischen den beiden trendbereinigten Datensätzen?

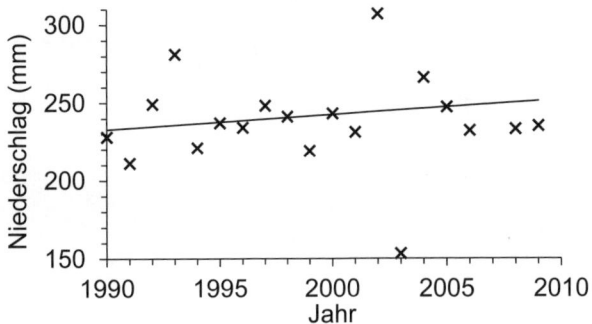

Abb. 48: Linearer Trend des Sommerniederschlags.

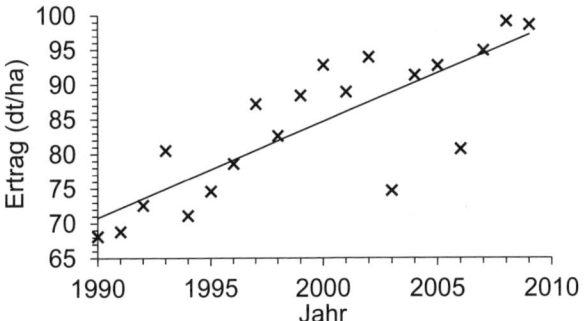

Abb. 49: Linearer Trend des Körnermaisertrags.

d) Verwenden Sie die trendbereinigten Daten um eine Gleichung zu formulieren, die den Zusammenhang zwischen dem Ertrag E und dem Sommerniederschlag N ausdrückt! Nehmen Sie an, der Sommerniederschlag würde gegenüber dem langjährigen Mittel um 10% abnehmen. Um wie viele Prozent würde der mittlere Körnermaisertrag gemäß der zuvor formulierten Gleichung sinken?

G Lösung der Aufgaben

A.1

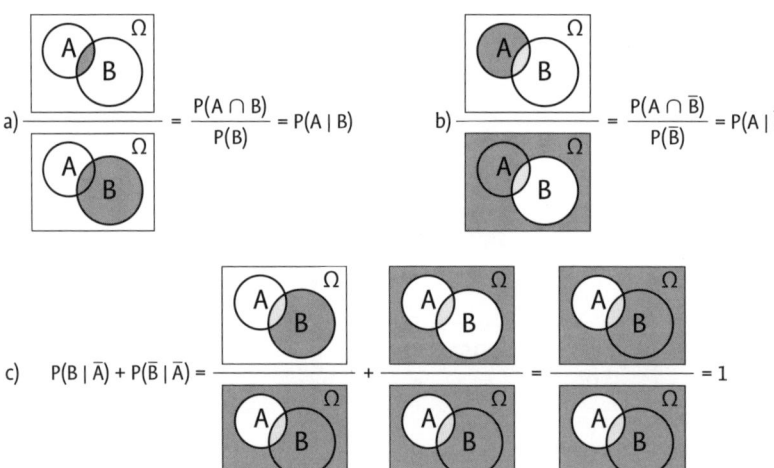

a)
$$P(\overline{A}) \quad = \quad 1 \quad - \quad P(A)$$

b)
$$P(A) \quad = \quad P(A \setminus B) \quad + \quad P(A \cap B) \quad \text{oder } P(A) = P(A \cap \overline{B}) + P(A \cap B)$$

c)
$$P(B) \quad + \quad P(\overline{B}) \quad = \quad P(\Omega) \quad = 1$$

A.2

a) $$\dfrac{}{} = \dfrac{P(A \cap B)}{P(B)} = P(A \mid B)$$

b) $$\dfrac{}{} = \dfrac{P(A \cap \overline{B})}{P(\overline{B})} = P(A \mid \overline{B})$$

c) $$P(B \mid \overline{A}) + P(\overline{B} \mid \overline{A}) = \dfrac{}{} + \dfrac{}{} = \dfrac{}{} = 1$$

A.3

$$P(\overline{B} \mid A) + P(B \mid A) = \frac{\text{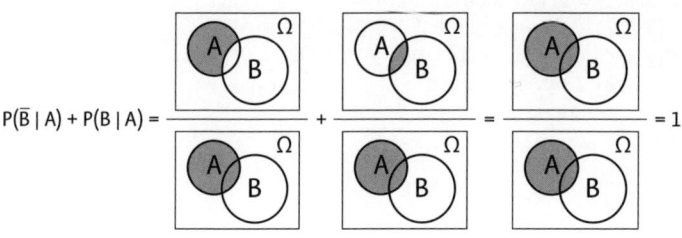}}{} + \frac{}{} = \frac{}{} = 1$$

$\Rightarrow P(\overline{B} \mid A) = 1 - P(B \mid A)$

A.4

Ereignis A_i: Das i-te entnommene Ei ist nicht verdorben.

$$
\begin{aligned}
P(A_1 \cap A_2 \cap A_3) &= P[(A_1 \cap A_2) \cap A_3] \\
&= P(A_1 \cap A_2)\, P(A_3 \mid A_1 \cap A_2) \\
&= P(A_1)\, P(A_2 \mid A_1)\, P(A_3 \mid A_1 \cap A_2) \\
&= \frac{59}{60} \cdot \frac{58}{59} \cdot \frac{57}{58} \\
&= 0{,}95
\end{aligned}
$$

A.5

Ereignis A_i: Verkaufsgespräch i erfolgreich, $P(A_i) = 0{,}1$
Ereignis $\overline{A}_i$: Verkaufsgespräch i nicht erfolgreich, $P(\overline{A}_i) = 0{,}9$

a) Wahrscheinlichkeit, dass kein Verkaufsgespräch erfolgreich ist:
   $P(\overline{A}_1 \cap \overline{A}_2 \cap \overline{A}_3 \cap \overline{A}_4 \cap \overline{A}_5) = P(\overline{A}_1)\, P(\overline{A}_2)\, P(\overline{A}_3)\, P(\overline{A}_4)\, P(\overline{A}_5) = 0{,}9^5 = 0{,}59$
   Wahrscheinlichkeit, dass mindestens ein Verkaufsgespräch erfolg-
   reich ist:
   $1 - P(\overline{A}_1 \cap \overline{A}_2 \cap \overline{A}_3 \cap \overline{A}_4 \cap \overline{A}_5) = 0{,}41$

b) $1 - P(\overline{A}_1 \cap \overline{A}_2 \cap ... \cap \overline{A}_n) = 0{,}50$
   $1 - 0{,}9^n = 0{,}50$
   $0{,}5 = 0{,}9^n$
   $\ln(0{,}5) = n\, \ln(0{,}9)$
   $n = \ln(0{,}5) / \ln(0{,}9)$
   $n = 7$ (auf die nächstgrößere ganze Zahl gerundet)

c) Binomialverteilung mit $p = 0{,}1$, $q = 0{,}9$, $n = 4$, $k = 1$:

   $$
   \begin{aligned}
   f(1) &= \binom{4}{1} 0{,}1 \cdot 0{,}9^3 \\
   &= 0{,}29
   \end{aligned}
   $$

A.6

a) $P(X \leq 1) = F(1) = 0,06$
b) $P(X > 2) = 1 - P(X \leq 2) = 1 - F(2) = 0,76$
c) $P(2 \leq X \leq 4) = P(X \leq 4) - P(X \leq 1) = F(4) - F(1) = 0,83$
d) $P(X = 4) = P(X \leq 4) - P(X \leq 3) = F(4) - F(3) = 0,31$

A.7

H_0: $p \leq 0,80$
H_1: $p > 0,80$
$\alpha = 0,05$

$k = 86$

$$
\begin{aligned}
P(K \geq 86) &= 1 - P(K \leq 85) \\
&= 1 - F(85) \\
&= 0,08 \\
&> \alpha
\end{aligned}
$$

mit F: Verteilungsfunktion der Binomialverteilung mit n = 100
und p = 0,80
$\Rightarrow H_0$ wird beibehalten. Aus dem Versuchsergebnis kann nicht gefolgert
werden, dass das neue Medikament besser als das alte ist.

B.1

a) $P(X \leq b) = F(b)$
b) $P(X \geq b) = 1 - F(b)$
c) $P(X \leq a \text{ oder } X \geq b) = F(a) + 1 - F(b) = 1 - [F(b) - F(a)]$ (Gleichung 31)
d) $P(X \leq -a) = 1 - F(a)$
e) $P(X \geq -b) = F(b)$
f) $P(-a \leq X \leq a) = F(a) - F(-a) = F(a) - [1 - F(a)] = 2 F(a) - 1$
g) $P(X \leq -b \text{ oder } X \geq a) = 1 - F(b) + 1 - F(a) = 2 - F(a) - F(b)$

B.2

$F(0,000) = 0,5000$; $F(1,000) = 0,8413$; $F(0,230) = 0,5910$; $F(0,990) = 0,8389$;
$F(1,325) = 0,9074$; $F(1,662) = 0,9517$; $F(1,178) = 0,8806$

B.3

a) $P(X \geq 1,180) = 1 - F(1,180) = 1 - 0,8810 = 0,1190$
b) $P(X \geq 2,910) = 0,0018$
c) $P(X \leq -1,250) = 1 - F(1,250) = 1 - 0,8944 = 0,1056$
d) $P(X \leq -2,215) = 0,0134$
e) $P(0,00 \leq X \leq 0,05) = F(0,05) - F(0,00) = 0,5199 - 0,5000 = 0,0199$
f) $P(1,00 \leq X \leq 3,00) = 0,1574$
g) $P(-1,50 \leq X \leq 0,50) = 0,6247$
h) $P(-2,25 \leq X \leq -1,25) = 0,0934$

B.4

a) $Q_{0,50} = 0,000$

b) $Q_{0,99} = 2,327$

c) $Q_{0,75} = 0,675$

Lineare Interpolation zur Bestimmung von $Q_{0,75}$:
$F(0,670) = 0,7486$, $F(0,680) = 0,7517$ bzw. $Q_{0,7486} = 0,670$, $Q_{0,7517} = 0,680$
$\Rightarrow$ Das gesuchte Quantil muss zwischen 0,670 und 0,680 liegen. Ansatz:
$Q_{0,7500} = Q_{0,7486} + a \cdot \Delta F$ mit $\Delta F = 0,7500 - 0,7486 = 0,014$. a ist die Steigung der Geraden, die $Q_{0,7486}$ und $Q_{0,7517}$ verbindet: a = $(Q_{0,7517} - Q_{0,7486})$ / $(0,7517 - 0,7486) = 3,23$. Es folgt $Q_{0,7500} = 0,670 + 3,23 \cdot 0,014 = 0,675$.

d) $Q_{0,25} = -Q_{0,75} = -0,675$

C.1

Ab Excel2010:

Aufgabe	Quantil	Excel-Funktion	Wert
a)	$Q_{0,25}$	NORM.INV(0,25;20;10)	13,26
b)	$Q_{0,75}$	CHIQU.INV(0,75;15)	18,25
c)	$Q_{0,5}$	F.INV(0,5;10;10)	1,00
d)	$Q_{0,995}$	T.INV(0,995;30)	2,75
e)	$Q_{0,005}$	T.INV(0,005;30)	−2,75

Für ältere Excel-Versionen:

Aufgabe	Quantil	Excel-Funktion	Wert
a)	$Q_{0,25}$	NORMINV(0,25;20;10)	13,26
b)	$Q_{0,75}$	CHIINV(0,25;15)	18,25
c)	$Q_{0,5}$	FINV(0,5;10;10)	1,00
d)	$Q_{0,995}$	TINV(0,01;30)	2,75

e) Aus $\gamma = 0,005$ folgt $2 \cdot (1 - \gamma) = 2 \cdot 0,995 = 1,990$. Excel akzeptiert als erstes Argument der Funktion TINV jedoch keinen Wert > 1. Aufgrund der Symmetrie der t-Verteilung ist aber $Q_{0,005} = -Q_{0,995}$. Das 0,005-Quantil $Q_{0,005}$ kann daher als −TINV(0,01;30) berechnet werden und hat den Wert −2,75.

E.1

$H_0: \sigma_1 = \sigma_2$

$H_1: \sigma_1 \neq \sigma_2$

$\alpha = 0{,}05$

$s_1 = 4$ kg, $s_2 = 7$ kg

Berechnung des Prüfwerts F:

$$F = \frac{s_2^2}{s_1^2} \quad \text{(größere Varianz in den Nenner!)}$$

$$= \frac{7^2}{4^2}$$

$$= 3{,}1$$

0,975-Quantil der F-Verteilung mit den Freiheitsgraden $f_1 = 7$ und
$f_2 = 9$: $Q_{0,975} = 4{,}2$
$F \leq Q_{0,975} \Rightarrow$ Die Nullhypothese H_0 wird beibehalten.

E.2

$H_0: \mu_m \leq \mu_w$

$H_1: \mu_m > \mu_w$

$\alpha = 0{,}01$

Berechnung des Prüfwerts t:

$$s = \sqrt{\frac{s_m^2}{n_m} + \frac{s_w^2}{n_w}}$$

$$= \sqrt{\frac{(0{,}07 \text{ m})^2}{30} + \frac{(0{,}06 \text{ m})^2}{30}}$$

$$= 0{,}02 \text{ m}$$

$$t = \frac{\bar{x}_m - \bar{x}_w}{s}$$

$$= \frac{1{,}79 \text{ m} - 1{,}65 \text{ m}}{0{,}02 \text{ m}}$$

$$= 7{,}0$$

0,99-Quantil der t-Verteilung mit dem Freiheitsgrad $f = 58$: $Q_{0,99} = 2{,}4$
$t > Q_{0,99} \Rightarrow$ Die Nullhypothese H_0 wird zu Gunsten der Alternativhypothese H_1 verworfen.

E.3

Quantile	Excel-Funktion		Wert
	ab Excel2010	ältere Excel-Versionen	
$Q_{0,995}$ $Q_{0,005}$	T.INV(0,995;99) T.INV(0,005;99)	TINV(0,01;99) –TINV(0,01;99)	2,63 –2,63
$Q_{0,95}$	T.INV(0,95;29)	TINV(0,1;29)	1,70
$Q_{0,05}$	T.INV(0,05;9)	–TINV(0,1;9)	–1,83
$Q_{0,95}$ $Q_{0,05}$	T.INV(0,95;153) T.INV(0,05;153)	TINV(0,1;153) –TINV(0,1;153)	1,66 –1,66
$Q_{0,975}$	F.INV(0,975;39;49) falls $s_1^2 > s_2^2$ F.INV(0,975;49;39) falls $s_2^2 > s_1^2$	FINV(0,025;39;49) falls $s_1^2 > s_2^2$ FINV(0,025;49;39) falls $s_2^2 > s_1^2$	1,81 1,85
$Q_{0,90}$	F.INV(0,90;3;12) falls $s_1^2 > s_2^2$ F.INV(0,90;12;3) falls $s_2^2 > s_1^2$	FINV(0,1;3;12) falls $s_1^2 > s_2^2$ FINV(0,1;12;3) falls $s_2^2 > s_1^2$	2,61 5,22

F.1

a) Korrelation zwischen Frühlingsniederschlag und Ertrag: <u>0,27</u>

Korrelation zwischen Sommerniederschlag und Ertrag: <u>0,46</u>

Der Ertrag hängt stärker vom Niederschlag im Sommer ab. Je höher der Niederschlag ist, desto höher ist tendenziell auch der Ertrag (Abb. 50).

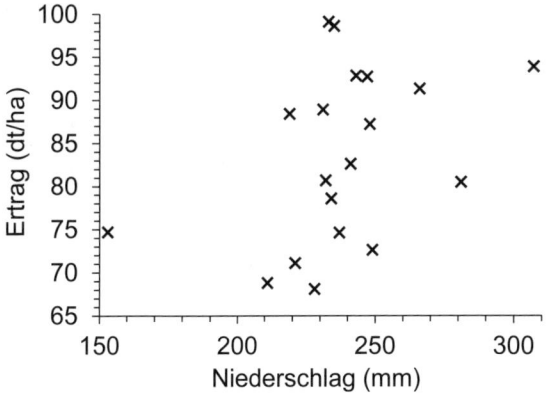

Abb. 50:
Zusammenhang zwischen Sommer-niederschlag und Körnermaisertrag.

b) $E = 0{,}1303 \dfrac{dt/ha}{mm} N + 52{,}5 \dfrac{dt}{ha}$

Mittelwerte: $\overline{E} = 84{,}0$ dt/ha, $\overline{N} = 242$ mm

Wenn der Niederschlag auf 218 mm abnimmt, ergibt sich nach obiger Gleichung nur noch ein Ertrag von

$$E = 0{,}1303 \; \frac{dt/ha}{mm} \cdot 218 \; mm + 52{,}5 \; \frac{dt}{ha}$$

$$= 80{,}9 \; dt/ha$$

$$(E - \bar{E}) / \bar{E} = (80{,}9 - 84{,}0) / 84{,}0$$
$$= \underline{-3{,}7\%}$$

c) Gleichung zur Beschreibung des linearen Trends des Sommerniederschlags:

$$N(t) = 0{,}9617 \; mm/a \cdot t - 1681 \; mm$$

Gleichung zur Beschreibung des linearen Trends des Körnermaisertrags:

$$E(t) = 1{,}3903 \; \frac{dt/ha}{a} \cdot t - 2695{,}9 \; \frac{dt}{ha}$$

(t: Kalenderjahr)
Korrelation zwischen den trendbereinigten Daten (Tab. 44): $\underline{0{,}58}$

d) lineare Regression zwischen ΔN und ΔE:

$$\Delta E = 0{,}0958 \; \frac{dt/ha}{mm} \; \Delta N$$

Wenn der Niederschlag um 10% beziehungsweise $\Delta N = 24{,}2$ mm abnimmt, verringert sich der Ertrag nach obiger Gleichung auf

$$\bar{E} - \Delta E = 84{,}0 \; \frac{dt}{ha} - 0{,}0958 \; \frac{dt/ha}{mm} \; 24{,}2 \; mm$$

$$= 81{,}7 \; dt/ha$$

$$\Delta E / \bar{E} = -2{,}3 / 84{,}0$$
$$= \underline{-2{,}7\%}$$

Tab. 44: Trendbereinigte Niederschlags- und Ertragsdaten.

t	Niederschlag (mm)		Ertrag (dt/ha)	
	Werte N(t) der Trendgeraden	Abweichung ΔN vom Trend	Werte E(t) der Trendgeraden	Abweichung ΔE vom Trend
1990	233	−5	70,8	−2,7
1991	234	−23	72,2	−3,4
1992	235	14	73,6	−1,0
1993	236	45	75,0	5,5
1994	237	−16	76,4	−5,3
1995	238	−1	77,7	−3,1
1996	239	−5	79,1	−0,5
1997	240	8	80,5	6,7
1998	240	1	81,9	0,7
1999	241	−22	83,3	5,1
2000	242	1	84,7	8,1
2001	243	−12	86,1	2,8
2002	244	63	87,5	6,4
2003	245	−92	88,9	−14,2
2004	246	20	90,3	1,0
2005	247	0	91,7	1,0
2006	248	−16	93,0	−12,3
2007	249	76	94,4	0,5
2008	250	−17	95,8	3,3
2009	251	−16	97,2	1,4

Literatur- und Quellenverzeichnis

Deutscher Wetterdienst (2012): http://www.dwd.de/bvbw/generator/ DWDWWW/Content/Oeffentlichkeit/KU/KU2/KU21/klimadaten/german/download__gebietsmittel__rr,templateId=raw,property=publicatio nFile.xls/download_gebietsmittel_rr.xls (abgerufen im November 2012).

Eßl, A. (1987): Statistische Methoden in der Tierproduktion. Österreichischer Agrarverlag, Wien.

Preußler, O. (1958): Bei uns in Schilda. Thienemann Verlag, Stuttgart.

Statistisches Bundesamt (2012 a): https://www-genesis.destatis.de/genesis/online/data;jsessionid=44509A8D1333F8095326619FCFA6E42E.tomcat_GO_1_1?operation=abruftabelleBearbeiten&levelindex=2&levelid=1 355840443388&auswahloperation=abruftabelleAuspraegungAuswaehlen &auswahlverzeichnis=ordnungsstruktur&auswahlziel=werteabruf&selec tionname=21311-0001&auswahltext=%23Z-01.01.2011%2C01.01.2010% 2C01.01.2009%2C01.01.2008%2C01.01.2007%2C01.01.2006%2C01.01.20 05%2C01.01.2004%2C01.01.2003%2C01.01.2002%2C01.01.2001%2C01.0 1.2000%2C01.01.1999&werteabruf=Werteabruf (abgerufen im November 2012)

Statistisches Bundesamt (2012 b): https://www-genesis.destatis.de/ genesis/online/data;jsessionid=28F07607615094764BFFF4102429FBE4. tomcat_GO_1_1?operation=abruftabelleBearbeiten&levelindex=2&l evelid=1355236511561&auswahloperation=abruftabelleAuspraegun gAuswaehlen&auswahlverzeichnis=ordnungsstruktur&auswahlziel =werteabruf&selectionname=41242-0001&auswahltext=%23SGEMA01-GEMUESE31%23Z-01.01.2009%2C01.01.2008%2C01.01.2007 %2C01.01.2006%2C01.01.2005%2C01.01.2004%2C01.01.2003%2C01.01. 2002%2C01.01.2001%2C01.01.2000%2C01.01.1999%2C01.01.1998&wert eabruf=Werteabruf (abgerufen im November 2012).

Statistisches Bundesamt (2012 c): https://www-genesis.destatis.de/gene-sis/online/data;jsessionid=97E845653CE18C69201CB6E08FFEB6F2.tom-cat_GO_2_1?operation=abruftabelleAbrufen&selectionname=41241-0003&levelindex=1&levelid=1352457672116&index=2 (abgerufen im November 2012).

Bildquellen

Alle Abbildungen stammen, wenn nicht anders vermerkt, vom Autor. Die Mengendiagramme fertigte Helmuth Flubacher nach Vorlagen des Autors.

Sachregister

Unternehmensführung in Landwirtschaft und Agribusiness

- Landwirtschaft und Agribusiness
- Grundlagen des Managements
- Allgemeine Funktionsbereiche des Managements
- Spezielle Funktionsbereiche des Managements

Unternehmen der Landwirtschaft und Bioenergieerzeugung sowie vor- und nachgelagerte Unternehmen der Wertschöpfungskette dieser Bereiche operieren in einem sehr dynamischen politischen, wirtschaftlichen und gesellschaftlichen Umfeld. Sie unterliegen zum Teil einem sehr deutlichen Strukturwandel, verbunden mit einem latenten Zwang zum betrieblichen Wachstum – sei es einzelbetrieblich oder durch Kooperationsbeziehungen. Aus all diesen und einer ganzen Reihe weiterer Aspekte heraus ergeben sich Herausforderungen für die Unternehmensführung, die – soll sie nachhaltig ausgerichtet sein – ebenfalls laufend angepasst werden muss.

Agrarmanagement. Unternehmensführung in Landwirtschaft und Agribusiness. R. Doluschitz, C. Morath, J. Pape. 2011. 343 Seiten, 68 Abbildungen, 21 Tabellen, kart. ISBN 978-3-8252-3587-1.

www.utb.de